AF331062

BIBLIOTHÈQUE RURALE

Publiée par les Rédacteurs

DE L'AGRICULTEUR PRATICIEN [1]

COMPTE-RENDU

D'UNE VISITE FAITE A UN VÉRITABLE

AGRICULTEUR PRATICIEN

PAR

DURAND-SAVOYAT

Propriétaire-Cultivateur

Prix : 1 fr. 25 c.

PARIS

LIBRAIRIE CENTRALE D'AGRICULTURE ET DE JARDINAGE

QUAI DES GRANDS-AUGUSTINS, 41

Auguste GOIN, éditeur —

1854

L'Agriculteur praticien, Revue de l'Agriculture française et étrangère.
... par an. — Prix : ...

COMPTE RENDU

D'UNE VISITE FAITE A UN VÉRITABLE

AGRICULTEUR PRATICIEN

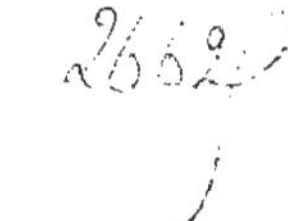

PARIS. — IMPRIMERIE DE J.-B. GROS,

rue des Noyers, 74.

COMPTE RENDU

D'UNE VISITE FAITE A UN VÉRITABLE

AGRICULTEUR PRATICIEN

PAR

DURAND-SAVOYAT

Propriétaire-cultivateur, à Cornillon près Mens (Isère).

PARIS

LIBRAIRIE CENTRALE D'AGRICULTURE ET DE JARDINAGE

QUAI DES GRANDS-AUGUSTINS, 41.

— Auguste **GOIN**, éditeur —

1854

Après la visite que je viens de faire chez un véritable agriculteur praticien, et dont je me décide à rendre compte, j'ai cru fermement et je crois encore, que si je faisais un récit bien exact et bien fidèle de tout ce que j'y ai vu, nos jeunes cultivateurs pourraient y trouver à puiser quelque chose d'utile pour leur enseignement.

D'ailleurs, pourquoi ne le dirais-je pas? certains souvenirs à propos de ce mot, agriculteurs, m'obsédaient depuis longtemps, et cette visite à un praticien dans toute la force du terme est encore venue peser sur eux d'une manière insupportable.

Voici les principaux de ces souvenirs :

Premièrement. Je dirai que pendant que j'étais à Paris, représentant du peuple à la Constituante, je faisais partie du comité d'agriculture avec une foule d'honorables concitoyens, tous se

disant *agriculteurs praticiens*. C'était incontes-
tablement le comité le plus nombreux, et je ne
crains pas d'ajouter que parmi les membres qui
le composaient, il y avait une foule d'hommes
distingués dans toutes les sciences. Malgré cela,
et quoique quelques-uns d'entre eux aient bien
voulu m'accorder quelque amitié, ce dont je
m'honore et m'honorerai toujours, je ne tardai
pas à faire la remarque que la qualification de
praticien était tant soit peu usurpée; qu'on en
juge par le personnel de notre état-major :

Notre PRÉSIDENT était un avocat distingué du
barreau de Paris ;

Notre VICE-PRÉSIDENT , un excellent notaire
d'une ville de Seine-et-Oise ;

Notre SECRÉTAIRE , un publiciste éminent de
Bordeaux.

Ce que j'ai rencontré dans ce comité, toujours
par rapport à l'agriculture, je l'ai trouvé dans un
certain nombre de commissions dont j'ai fait
partie.

C'était la mode alors de se dire agriculteur, et
agriculteur praticien : bon nombre de biographies

écrites à cette époque prouveraient au besoin la vérité de mon assertion. J'ai dit que c'était la mode en ce temps-là; je crois que cette mode est aussi grande aujourd'hui, et je pense que c'est vraiment de bonne foi qu'on se croit agriculteur praticien parce qu'on s'est amusé à prendre par la lecture quelques notions de théorie agricole.

A l'Assemblée nationale Législative, c'était tout comme à la Constituante et peut-être davantage encore; nous avions aussi un comité d'agriculture sous le nom de conférence agricole, qui avait bien voulu me recevoir au nombre de ses membres et que présidait M. Dupin aîné, et là encore le mot de praticien était en vogue; je dirai de suite que, à mon avis, le mot n'était pas plus vrai qu'à la Constituante.

En outre j'ai connu plusieurs rédacteurs d'articles agricoles dans les journaux, des directeurs même de publications agricoles, tous se disant praticiens et se fâchant volontiers quand on avait l'air de ne pas les croire, ce qui était toujours pour moi un étonnement nouveau; de telle sorte que je m'étais persuadé que tous ces confrères se trompaient sans le savoir, persuasion qui plusieurs fois m'avait mis la plume à la main pour leur dire une bonne fois pour toutes *ce que c'était que l'agriculture pratique.* Ce que je n'ai pas fait alors, je vais le tenter aujourd'hui.

Le compte-rendu de la visite que je viens de faire au meilleur cultivateur de ma connaissance aura ce but, je voudrais pouvoir dire ce résultat.

Secondement. J'ai visité plusieurs fois notre Conservatoire des Arts et Métiers de Paris, surtout la salle des instruments agricoles.

En 1849, j'ai vu l'exposition française aux Champs-Élysées, principalement la galerie des instruments d'agriculture, les rares bœufs et vaches qu'on y avait amenés.

En 1851, j'ai vu l'exposition universelle à Londres; ce que j'y ai le plus recherché, c'était les instruments agricoles ; je l'ai écrit et fait imprimer dans le temps ; là aussi je n'ai rencontré que peu de choses bonnes à prendre (1).

Je le déclare donc ici solennellement : j'ai

(1) Voir à la fin du volume la note A.

trouvé dans la visite que je viens de faire plus de bonnes choses au point de vue pratique que dans tous ces lieux, que j'ai cependant visités avec soin.

Troisièmement. Je suis fils de cultivateur; j'ai fini mes études agricoles à Hoffwyl, près Berne (Suisse), chez M. de Fellenberg père; j'ai étudié quelque temps chez M. Mathieu de Dombasle, à Rôville ; j'ai visité Grignon, école régionale d'un de nos départements voisins de Paris ; j'ai visité Hohenheim, près Stuttgard (Wurtemberg); j'ai vu à Versailles le commencement de notre grand Institut national agronomique, à la création duquel j'avais coopéré, non seulement comme membre de la Constituante, mais encore comme membre de la commission qui avait présenté et fait adopter le décret à cette assemblée, le 3 octobre 1848.

Eh bien, je renouvelle ma déclaration :

Je dis que chez ce cultivateur praticien, que je viens de visiter, il y a en état, pour celui qui veut faire de la pratique rémunératrice de ses peines, plus à apprendre que dans tous les établissements précités.

Et j'ajoute qu'il a fallu que cette conviction fût bien profonde en moi pour me décider à prendre le temps d'écrire, nous qui avons un métier qui nous en laisse si peu : c'est du reste ce que ne manqueront pas de reconnaître ceux qui voudront bien me lire, et ce qui fait aussi que je me hâte de les prier de ne pas s'attacher à la forme, et de n'avoir d'attention que pour le fond.

N. Durand-Savoyat,

Propriétaire-cultivateur à Cornillon, près Mens (Isère), ancien représentant du peuple aux Assemblées nationales Constituante et Législative de la République française inaugurée en 1848.

COMPTE RENDU

D'UNE VISITE FAITE A UN VÉRITABLE AGRICULTEUR PRATICIEN.

CHAPITRE PREMIER

SOMMAIRE. — *Bonne organisation de cultivateur. — Conseils aux jeunes agriculteurs. — M. Montaubiou. — Description de sa maison d'habitation, de ses bâtiments d'exploitation. — Nom de quelques outils qu'il emploie. — Ses montres solaires. — Ses horloges. — Lenteur des progrès en agriculture. — Agriculteurs de salon. — Etoile polaire. — Constellation de la Petite Ourse. — Manière de faire les montres solaires, etc., etc.*

Il y a des hommes qui font bien tout ce qu'ils font, à qui toutes les entreprises réussissent, quelquefois même celles qui ont une apparence des plus hasardées. C'est que chez ces hommes tout est calculé, tout est pesé : leur grande connaissance des hommes, des choses et des lieux ; l'habitude qu'ils ont contractée dès leur enfance de porter constamment leur attention, leur pensée sur leurs affaires particulières, et de ne se laisser distraire par rien de ce qui les entoure ; leur prévoyance qui descend jusqu'aux moindres détails et encore une foule d'autres qualités ouvrent mille voies au succès. Le vulgaire qui n'aperçoit que le but obtenu, et qui se garde bien de rechercher la connaissance des moyens qui l'ont fait obtenir, s'en va partout disant que ces hommes ont un sort de bonheur, qu'ils sont certainement nés sous une heureuse étoile ; qu'il n'en est pas ainsi pour ce qui les regarde, et, cela dit, au lieu de chercher à les imiter, ces critiques de mauvais aloi passent leur temps soit à les jalouser, soit à médire d'eux.

Lorsqu'un de ces praticiens complets à force d'attention, de travail en dedans, de réflexion, se rencontre parmi nos confrères les agriculteurs, je vous invite, messieurs les jeunes cultivateurs, à faire avec lui plus ample connaissance ; je vous annonce d'avance que vous vous en trouverez bien et j'ajoute que si quelquefois vous avez besoin d'un bon conseil, demandez-le-lui hardiment; et faites mieux encore : suivez-le quand vous l'aurez bien compris.

Pendant près de vingt ans, j'ai acheté d'un de ces rares cultivateurs véritables des animaux de toute espèce, bœufs, vaches, taureaux, génisses, chevaux, moutons, cochons, poules même, et toujours, et pour toutes ces bêtes, j'ai eu lieu d'être satisfait. Ses bœufs vendus pour le travail étaient d'excellents travailleurs, prenaient facilement la graisse quand on voulait les engraisser; ils donnaient à la boucherie un bon rendement et ne trompaient pas le poids à la mesure Dombasle. Ses taureaux, après avoir fait un bon service comme reproducteurs, devenaient à leur tour de bons bœufs ; et les plus grands et les plus gros que j'ai vendus, et qui étaient en effet les plus grands et les plus gros vus dans le pays que j'habite, étaient sortis de chez lui ; toutes ses génisses font de bonnes vaches, marquées des premiers ordres aux signes Guénon, toutes grandes laitières, bonnes travailleuses même, quand on veut les faire travailler ; ses chevaux sont vifs, hardis, infatigables, d'un entretien facile et d'un pied sûr, servant à toutes fins, selle, bât, cabriolet, charrette, tombereau, herse, charrue. Jamais je n'ai eu de moutons qui m'aient donné plus de laine et qui se soient plus facilement engraissés que les siens. Ses porcs sont bas sur jambes, et arrivent avec une extrême facilité dans un an au poids de 100 kilos. Ses poules sont recherchées par toutes les ménagères des environs, et c'est avec raison ; ce n'est pas qu'elles pondent des œufs plus gros que les autres, mais elles commencent leur ponte plus tôt et la finissent plus tard, sans presque jamais s'interrompre.

Vingt fois au moins je m'étais promis d'aller visiter l'exploitation de cet éleveur, de ce producteur émérite ; mais il était si peu désireux de visites, qu'on attendait en vain son invitation ; d'ailleurs, des empêchements imprévus et tenant à mon exploitation rurale, assez éloignée de la sienne, y étaient toujours venus porter obstacle. Enfin je viens de satisfaire ce désir si longtemps nourri, et dans cette visite, qui a duré plus d'un jour, et qui m'a fait éprouver de sincères regrets de ne pas l'avoir faite plus tôt, j'ai vu tant et de si bonnes choses au point de vue agricole, et tellement bien coordonnées, que j'ai formé le dessein, malgré la diffi-

culté de l'entreprise pour moi, d'en d'écrire quelques-
unes, persuadé que je suis que si je rends un compte
fidéle et exact de tout ce que j'ai vu, mes lecteurs y trou-
veront comme moi de nombreuses choses bonnes à
prendre ou à imiter, je l'espère du moins ainsi.

Je voudrais bien pouvoir, en entrant en matière,
faire connaître le nom de cet excellent praticien,
dire celui de son village, celui de sa propriété. Mais
mon hôte, quoique beaucoup plus complaisant que
je ne m'y attendais, n'a voulu consentir à aucune de
ces choses, et toute ma rhétorique pour obtenir son
adhésion a été en pure perte. Du reste je dois dire
que les bonnes raisons pour motiver son refus ne lui
manquaient pas, et que c'est justement, je crois, qu'elles
l'ont emporté sur mon insistance : je suis donc obligé
de me servir d'un pseudonyme : je l'appellerai M. Montaubiou.

Sa propriété est à la distance d'environ deux kilomètres
du plus prochain village. Il n'a pas de voisins plus près.
Ses bâtiments d'habitation et d'exploitation sont donc
isolés de tous autres. Ils sont sans apparence extérieure
et tous sans exception sont couverts en chaume. La maison d'habitation est un grand carré long au fond d'une
grande cour, à droite et à gauche de laquelle s'allongent
aussi en longs carrés deux bâtiments semblables entre
eux et qui renferment les écuries, les étables, les bergeries, porcheries, etc. La cour est fermée par un grand
portail couvert, et elle a dans son milieu une belle fontaine jaillissante qui est aussi couverte. Ses granges ont
quatre portes qui permettent toute communication entre

elles en passant sur le derrière du premier étage de la maison d'habitation, dont ainsi la moitié appartient au foin et à la paille, tandis que l'autre moitié, celle de devant, est occupée par des logements, des chambres de débarras, des greniers, etc. La porte qui communique de la grange à la maison est en fer.

Dans ses étables, quatre bœufs, quatre vaches, un taureau, huit génisses pleines. Dans ses écuries, deux jeunes chevaux de bande de trois à quatre ans ; deux autres, âgés d'un an de plus, venaient d'être vendus. Dans sa bergerie cent brebis métis, et quelques agneaux sautaient déjà au milieu du troupeau ; quatre béliers sans cornes, et du plus fin lainage, choisis par M. Montaubiou lui-même parmi les milliers qui, de la Provence, viennent paître dans les montagnes du Dauphiné.

La contenance de la propriété de M. Montaubiou est de cinquante hectares, terres, prés, bois et vignes.

Nous avons dit que l'entrée de la cour est fermée par un grand portail où passent les voitures ; mais il y a aussi tout à côté et indépendante une petite porte destinée aux piétons. Des deux côtés du portail, sortant dans la cour, il y a un montoir à pente douce, qui sert aux bêtes de trait à descendre des granges, quelquefois même à y monter avec leurs chars ou chariots ; ces montoirs correspondent à deux autres qui sont au nord, et par lesquels entrent le plus ordinairement les voitures chargées. L'intérieur des granges est disposé de manière que la plupart du temps un homme peut décharger seul.

A l'angle droit de la maison, droit par rapport à la

personne qui entre dans la cour, sous le toit au-dessus de la porte de la cuisine est une petite cloche au timbre clair et sonore qui sert à marquer l'instant du lever, des repas et quelquefois même du coucher dans le temps des grands travaux ; *c'est un petit meuble dont un cultivateur soigneux ne saurait se passer*, me dit M. Montaubiou, *et pour moi, j'en fais le plus grand cas.*

On entre dans la maison d'habitation par un grand vestibule au fond duquel est l'escalier qui conduit aux étages supérieurs ; à droite de ce vestibule, il y a une grande salle attenant à une grande cuisine qui a sa sortie particulière sur la cour ; par la gauche de ce même vestibule, on entre dans une autre grande et vaste salle qui a aussi une sortie dans la cour et par une très-grande porte : au milieu de cette immense pièce, on remarque tout d'abord une très-grande meule tournante à aiguiser, et qui, malgré son poids, est mise en mouvement avec une extrême facilité ; là se trouvent des outils de charron, de menuisier, de charpentier même ; on y trouve encore un soufflet, une enclume, une forge, un étau, des marteaux, des tenailles, etc.

Une des faces de cette pièce est occupée par des cases sans portes où sont accrochés ou rassemblés les outils généraux de petite culture, tels que pelles pointues ou carrées, pioches, tridents, fourches, pals de fer, coins à fendre le bois, masse à les frapper, grandes et petites scies, haches, etc., ainsi que les outils neufs et de remplacement. Une autre des faces, la mieux éclairée, est tapissée de placards numérotés et fermant à clé. Chacun de ces placards appartient à un employé de la ferme, qui en a la clé, et contient, pour son usage spécial , un beccard à sape, une pioche à vis, un balai , une faux et ses accessoires, une serpe, une hache , une gouiarde, une plane ou couteau à parer, une pelle pointue, un trident, une fourche en fer, une en bois à trois dents, etc., etc.

J'aime à avoir tous mes outils sous la main et toujours en état, me dit M. Montaubiou; tous mes employés, avec des outils bien appropriés à leur taille, à leurs forces, travaillent bien, sans peine et longtemps; ils sont toujours gais, contents, satisfaits, et je le suis avec eux.

Je ne pus m'empêcher de faire remarquer à M. Montaubiou qu'à cet égard j'étais complétement de son avis.

Nous reviendrons sur toutes ces choses.

Mais ce qui frappe le plus et tout d'abord le visiteur qui, du dehors, examine cette maison et ces bâtiments d'exploitation de si simple apparence, ce sont trois montres solaires, une grande, entière, qui se développe sur la portion de la façade de la maison qui n'a pas de fenêtre, dans une espèce de fronton, montre solaire simplement faite, il est vrai, sans ornement d'aucune sorte, mais avec des chiffres d'heures bien dessinés, et des traits bien saillants et parfaitement distincts. On n'y lit aucune devise.

Les deux qui se trouvent sur les bâtiments d'exploitation ne sont pas complètes ; celle que porte le bâtiment de gauche, et qui regarde le levant, ne marque que les heures du matin jusqu'à midi ; celle de droite, qui est tournée vers le couchant, indique les heures du tantôt jusqu'au coucher du soleil dans les plus grands jours.

A la vue de ce luxe de montres solaires, je ne pus m'empêcher d'en témoigner mon étonnement à mon hôte.

Il me répondit comme un homme habitué à cette interrogation et l'attendant. J'espère, me dit-il, que lorsque vous aurez achevé la visite que vous voulez bien me faire, vous serez plus étonné encore de la quantité d'horloges que vous trouverez chez moi, toutes marchant bien, sonnant aux heures, les répétant et ne s'arrétant jamais, parce que c'est moi qui prends soin de les monter. En deux mots, je vous dirai qu'à mon sens, il n'y a pas de métier où la régularité la plus absolue soit plus nécessaire que dans le nôtre : partir à l'heure à laquelle il faut partir, avec des animaux bien soignés ; étre de retour et rigoureusement à celle indiquée, après la tâche de travail faite, sont choses excellentes et pour les bétes et pour les gens. J'ai toujours considéré comme bien placé l'argent que m'ont coûté mes horloges, toutes à réveil et à répétition. La répétition est utile dans tous les cas, mais surtout dans la nuit pour suivre les heures en l'absence de toute lumière, et le réveil qui part à l'heure voulue est d'un grand secours pour l'exactitude et l'ordre des travaux : je n'estime que les horloges qui marchent huit jours, ni plus ni moins, parce que le travail de les monter revenant périodiquement à jour fixe, on en contracte l'habitude, et on est moins sujet à l'oublier. Pour moi, j'ai adopté la matinée des dimanches, et je crois pouvoir le dire, mes horloges ne s'arrétent jamais, faute de corde aux plombs. Savez vous, mon cher confrère, ce qu'indique une horloge qui ne marche pas, par la faute de son propriétaire? Qu'il n'est qu'un négligeant, que sa besogne marche mal, et que tôt ou tard il y aura de la gêne chez lui, et vous savez le proverbe : Là où il y a de la gêne, etc., etc.

Quant à mes montres solaires, c'est moi-même qui les fabrique, et si j'osais vous donner un conseil, ce serait d'en faire autant chez vous.

Mais, la manière? dis-je à mon tour.—Elle est simple et bien facile, reprit M. Montaubiou, j'aurais un vrai plaisir à vous la faire connaître; le voulez-vous? Je me hâtai de répondre affirmativement, et M. Montaubiou commença ainsi : Cependant avant de donner le récit qui va suivre, je demande la permission de faire encore quelques réflexions générales sur notre art, qui probablement seront les dernières, les voici :

L'agriculture progresse lentement; c'est un vieux dicton, malheureusement trop vrai : c'est à petits, bien petits pas qu'elle marche, et souvent même elle semble oublier le lendemain les pas en avant qu'elle avait faits la veille. Cette marche incertaine est cependant peu étonnante pour celui qui considère que dans le métier de cultivateur, il faut que, pour la plupart des produits, *une année attende l'autre*, et que souvent même une autre année s'écoule avant la conversion en argent de ces mêmes produits, et je n'étonnerai personne en disant qu'il faut bien plus longtemps encore pour qu'un résultat soit fixé, et que souvent des quarts de siècle sont nécessaires pour que le résultat de quelques-uns soit vérifié par beaucoup et en beaucoup d'endroits, filière obligée par où doit passer toute culture avant d'avoir conquis son droit de nationalité.

Les écoles d'agriculture que possèdent quelques départements de notre France peuvent sans aucun doute modifier et modifieront, nous l'espérons du moins ainsi, cette lenteur de mouvement vers le mieux de l'art auquel nous nous sommes voués corps et âme; mais pour que ce but soit atteint, il faut que les élèves de nos écoles apprennent surtout ce qui fait la réussite des opérations rurales, et, qu'ils le sachent bien, il est pour eux de la dernière importance qu'ils deviennent forts et habiles dans toutes les connaissances si variées qui tiennent à notre métier (métier plus difficile qu'on ne pense), et dans lequel il y a des difficultés à vaincre de natures fort diverses.

Qu'on n'aille pas croire surtout que, pour toucher au succès, des connaissances superficielles suffisent; non! C'est à fond qu'il faut tout savoir, et jusqu'aux moindres détails : celui qui parle le mieux ménage des champs, n'est pas toujours celui qui sait le mieux administrer ses travaux de culture, et entre deux parenthèses, je dirai que ce qui m'a le plus émerveillé pendant le temps que j'ai passé à Paris, c'était de voir l'aplomb avec lequel certains agricolâtres de salon qui, je le parierais, n'avaient jamais vu pousser plante de blé, nous traitaient nous, pauvres praticiens, et nous enseignaient notre art en superbes leçons ; nous étions de grands ignorants, sachant à peine les noms de ces magnifiques cultures et de ces produits mirobolants obtenus sans engrais ou avec des engrais à doses infinitésimales.

A les entendre, nous n'étions que des routiniers , des coutumiers ; nous ne savions faire et ne voulions faire que ce qu'avaient fait nos pères ; nous repoussions aveuglément toute innovation ; nous ne voulions ni instruments nouveaux , ni engrais perfectionnés, etc., etc.; et en suite de ce beau thême, des expressions de blâme et de reproche ne nous étaient point ménagées, et si nous voulions faire entendre quelques timides excuses , nos superbes interlocuteurs nous refusaient leur attention, et ils haussaient les épaules de pitié lorsque nous poussions la hardiesse jusqu'à leur dire que, dans notre humble profession, nos bénéfices sont si réduits ; qu'il est bien vrai que de notre naturel nous ne sommes point aventureux et que nous aimons très-peu à hasarder un résultat certain contre des éventualités à nos yeux toujours dangereuses ; que d'ailleurs l'expérience nous faisait un devoir d'être prudents à l'endroit des innovations ; car, sur cent procédés , tous dans le principe plus merveilleux les uns que les autres, il n'y en avait pas dix qui eussent tenu les espérances annoncées.

Alors il fallait voir comment nous quittaient nos magnifiques confrères de la capitale, avec quel air ils nous adressaient leur dernier salut, et comment ils couraient s'enfermer dans leur cabinet pour écrire quelquesunes de ces admirables pages, que tous les journaux reproduisaient le lendemain sur le premier de tous les arts, mamelles de l'Etat, mère nourricière de tous les peuples, etc.

Fermons ici la parenthèse et laissons dormir sur leurs

triomphes tous ces braves agriculteurs de salon; et quant à nous, reprenons notre récit :

Nous parlions de nos espérances en nos jeunes cultivateurs élevés aux écoles de l'État, et nous leur conseillions d'apprendre à fond quelques-unes au moins des choses de l'agriculture. Car nous croyons et sommes heureux de nous rencontrer sur ce point avec beaucoup de bons cultivateurs, que les petites sources qui coulent goutte à goutte et d'une manière permanente aident plus activement au succès d'une exploitation rurale qu'un grand courant qui s'arrête souvent ou qui s'écarte tantôt à droite, tantôt à gauche. Le petit succès souvent répété est la goutte d'huile qui facilite les mouvements de tous les rouages de la ferme.

Un moyen qui m'a toujours paru excellent pour apprendre beaucoup de choses utiles aux cultivateurs de tout âge, c'est de comparer ce qu'on fait soi-même avec ce qui se fait dans telle ou telle localité, dans tel village, dans telle ferme; et vraiment j'ai la conviction que si nous avions parfaitement détaillée, parfaitement bien expliquée et parfaitement décrite la culture usuelle du meilleur cultivateur de chacun de nos 38,000 villages, nous aurions une mine inépuisable où chacun de nous, et pour son profit, pourrait aller puiser à l'aise.

Je désirerais grandement que ces lignes eussent le pouvoir de solliciter et d'obtenir cette description, ce compte rendu, et le cas échéant, je croirais avoir rendu un des plus grands services qu'en état on puisse rendre à la véritable agriculture pratique, surtout si toutes les bonnes choses qui se rencontrent dans les exploitations de nos modestes et obscurs cultivateurs de campagne, venaient à être rendues publiques, comme je viens de le dire.

Ces réflexions, je me plais à l'avouer, me sont suggérées par tout ce que j'ai vu chez M. Montaubiou, et que je vais continuer à raconter du mieux qu'il me sera possible.

Je vais donc reprendre ma narration au point où je l'ai laissée avant cette trop longue digression à laquelle pourtant je me suis laissé aller avec plaisir.

Nous avions laissé M. Montaubiou faisant l'éloge de ses montres solaires et allant nous indiquer la manière dont il s'y prenait pour leur fabrication ; nous répétons que c'est lui qui va parler :

A une certaine époque de ma vie, dit-il, j'ai eu pour voisin de campagne un ancien procureur général de l'Empire, M. Royer-Deloche, dont vous connaissez certainement la famille, puisqu'un de ses membres fait aussi de l'agriculture et dans votre voisinage. M. Royer-Deloche était non-seulement un jurisconsulte d'un grand mérite, mais un savant de premier ordre ; entre autres sciences, il avait particulièrement étudié l'astronomie ; c'est lui-même qui, par unebelle soirée d'automne, m'a enseigné la manière de faire les montres solaires, que je vais vous transmettre à mon tour.

On choisit une belle nuit où le ciel est sans nuage et où les étoiles brillent toutes au firmament ; et dès que l'étoile polaire, qu'on appelle aussi l'étoile du marin, se trouve former une ligne droite avec les deux de la base de la constellation de la Petite Ourse, vulgairement appelée le Grand Chariot, le moment est favorable pour l'établissement d'une bonne montre solaire.

L'étoile polaire se distingue très-facilement du milieu des autres; elle est assez généralement connue; cependant voici la manière de la découvrir pour ceux qui ne la connaîtraient point. On se met en face du plein nord et à la hauteur environ du tiers du ciel on remarque une étoile plus brillante que celles qui l'entourent : à la distance visuelle d'environ 1 m. 50 c.; on aperçoit deux autres étoiles qui souvent avec elle forment un triangle presque parfait.

La Petite Ourse est aussi, comme nous venons de le dire, connue sous le nom de Grand Chariot; cette constellation est formée par sept étoiles dont quatre seraient les roues et les trois autres le timon, telle est à peu près sa forme.

La distance visuelle de la Petite Ourse à l'étoile polaire est d'environ six fois la distance qui est entre les deux étoiles de la base de la Petite Ourse, environ 12 mètres visuellement.

L'étoile polaire et la Petite Ourse étant bien reconnues, il faut examiner si la ligne formée par les deux étoiles de la base de la Petite Ourse avec l'étoile polaire est bien droite, et si cette ligne est parfaite, c'est le moment de procéder aux bases de la montre solaire.

Voici comment :

À un endroit non dommageable et exposé au soleil de midi, on fixe dans la terre deux baguettes chacune d'un mètre environ de longueur, très-droites ; on les place à la distance l'une de l'autre aussi d'un mètre, plutôt moins que plus, et immédiatement on a soin d'aligner les deux baguettes le plus parfaitement possible sur l'étoile polaire. Le lendemain, lorsque les deux ombres des baguettes font une seule ligne, c'est-à-dire qu'elles se projettent l'une sur l'autre, C'EST L'HEURE DE MIDI.

Voici une autre manière de procéder qui est peut-être plus juste, mais aussi plus compliquée quant à l'établissement des deux lignes qui doivent marquer le midi.

On établit dans la journée et dans une place aussi choisie et non dommageable, bien exposée au soleil de midi, deux potences de 1 mètre 50 cent. à 2 mètres de hauteur, ou bien l'on fixe en terre 4 piquets de même longueur (2 mètres) et à leur plus grande hauteur on attache deux traverses qui vont horizontalement sur deux de ces piquets de l'est à l'ouest ; opération qui fait ressembler ces 4 piquets à deux cadres mis en l'air du sud au nord et à la distance d'un mètre environ l'un de l'autre ; enfin soit sur piquets ressemblants à des cadres, soit sur potences placées comme nous l'avons dit, on passe une ficelle détordue, aux deux bouts de laquelle on a attaché une petite pierre, ficelle qui, s'appuyant sur les deux barres ou sur les deux potences, tombe de chaque côté et reste ainsi fixée par le poids des deux pierres.

Si à ce moment l'étoile polaire est placée en ligne droite sur les deux de la base de la Petite Ourse, on aligne aussi parfaitement que possible sur l'étoile polaire les deux pendants de la ficelle qui forment fil à plomb. Si ce moment n'est pas arrivé, il faut l'attendre.

Le lendemain, au moment où l'ombre de ces deux pendants de ficelle se superposera sur le terrain ou sur un plancher qu'on aura fait à ce dessein, CE SERA L'HEURE DE MIDI.

Préalablement et d'avance, on a eu soin de préparer l'emplacement où l'on veut mettre la montre solaire; on aura tracé la ligne méridionale avec un fil à plomb et une règle; la flèche en fer qui doit indiquer les heures doit être aussi faite d'avance; le trou dans lequel doit être fixée cette flèche doit être préparé; et lorsque les deux baguettes ou les deux ficelles confondent leurs ombres, l'ombre de la flèche doit être placée sur la ligne perpendiculaire tracée avec le fil à plomb : cette ligne est le midi. Cette flèche, que l'on a inclinée plus ou moins pour que son ombre couvre bien la ligne, est immédiatement scellée dans le mur, soit avec du plâtre, soit avec tout autre ciment qui prend rapidement : voilà pour l'heure de midi. Les autres heures se tracent à l'aide d'une bonne montre d'horloger qu'on a eu soin de régler sur le midi trouvé, et on ne s'arrête que lorsque l'ombre de la flèche ne se projette plus sur le cercle de la montre solaire tracé d'avance et à sa fantaisie. Les heures qui précèdent midi se font avec la même montre le lendemain matin.

On comprend que lorsqu'une fois on a le midi aussi vrai qu'on peut l'avoir avec le soleil, car personne n'ignore que nos montres solaires avancent ou retardent suivant les saisons, avance ou retard qui peut aller jusqu'à 16 minutes (l'Almanach du Bureau des longitudes et peut-être quelques autres indiquent du reste ces différences et annoncent aussi l'heure de la nuit où l'étoile polaire est placée en ligne avec les deux de la base de la Petite Ourse); on comprend, disions-nous, que lorsque le midi est trouvé, on peut faire avec une bonne montre d'horloger autant de montres solaires qu'on veut, qu'elles soient verticales contre un mur ou une planche, ou horizontales sur une table de bois ou de marbre, ou sur un bloc de pierre, ou sur un appui de fenêtre, etc.

Quant aux devises ou inscriptions plus ou moins pleines de sel, je vous conseille de vous en dispenser, me dit M. Montaubiou en achevant son instruction ; je regarde comme perdu le temps qu'on met à les écrire, plus perdu encore celui qu'on met à les lire ou à les deviner.

CHAPITRE II.

SOMMAIRE.— *Etable commune.* — *Simplification de quelques opérations agricoles.* — *Cabinets à foin.* — *Proscription des courants d'air.* — *Lit d'employés dans l'étable.* — *Litière abondante.* — *Fumier.* — *Emploi du plâtre mélangé au fumier.* — *Bœufs à l'engrais.* — *Rendement en viande nette.* — *Sel aux bestiaux.* — *Pansage des bêtes à cornes, etc., etc.*

Après diverses questions de détail, en somme peu importantes, sur la montre solaire, que je crois avoir suffisamment enseigné à tracer, sur l'étoile polaire, sur la constellation de la Petite Ourse, que je crois avoir aussi suffisamment indiquées, toutes questions auxquelles M. Montaubiou répondit facilement, nous entrâmes dans son étable de bêtes à cornes, commune aux bœufs et aux vaches.

La porte de cette étable est assez large (2 mètres) pour donner entrée à un tombereau attelé, et il y a assez de vide dans l'intérieur, 9 mètres entre les crèches et 10 mètres de la face au fond, pour y pouvoir retourner une voiture à l'aise : ce qui est utile quand on veut en sortir le fumier.

Ici M. Montaubiou me fit observer qu'en général, dans la plupart des exploitations rurales, surtout dans celles qui sont dirigées par des jeunes gens, on a la déplorable habitude de compliquer les travaux au lieu de chercher par tous les moyens à les simplifier. — Pour mon compte, ajoutait M. Montaubiou, c'est ce que je crois avoir fait : j'aurai l'occasion, comme à ce moment, de vous répéter cette phrase un grand nombre de fois; mais continuez votre inspection.

Cette porte est composée de deux volets ou battants qui tous deux s'ouvrent au dehors et se collent contre le mur à droite et à gauche, où on a soin de les fixer à l'aide d'un morceau de cuir, ce qu'on ne doit jamais manquer de faire, me fit remarquer M. Montaubiou, lorsqu'on fait sortir les vaches; les portes qui s'ouvrent en dedans, et c'est encore le cas le plus commun, présentent toujours un angle aigu aux flancs d s vaches contre lequel elles viennent se frapper lorsqu'elles sortent *avec empressement* pour aller boire ou pâturer, ce qui ne manque jamais d'avoir lieu, lorsque, d ailleurs, elles sont bien tenues... Bien souvent autrefois, avant que j'eusse fait ouvrir mes portes en dehors, j'ai éprouvé des accidents de mise bas avant terme, et de magnifiques vaches bien soignées, dont j'étais en droit d'espérer beaucoup, me donnaient des veaux morts, sans que je pusse m'en expliquer les causes. Depuis cette réparation, que je vous prie de prendre en note, rien de semblable ne m'est plus arrivé.

M. Montaubiou attira ensuite mon attention sur deux ouvertures qui se trouvaient aux portes de cette même étable, sur la partie la plus élevée et sur les deux bords qui se joignent en se fermant. Cette espèce de fenêtre dans la porte elle-même s'ouvre et se ferme à volonté, en glissant dans deux rainures, l'une dessus, l'autre dessous, ou plutôt l'une en haut, l'autre en bas. Dans l'été et pendant la chaleur, ces deux ouvertures sont fermées par le volet qui glisse dans la coulisse, un peu ou entièrement suivant le besoin. — Pendant la nuit, on les tient toute grandes ouvertes. Dans la saison d'hiver, on les ouvre plus rarement et seulement dans les beaux jours.

A droite et à gauche de ces deux portes se trouvent encore deux fenêtres semblables entre elles, ayant chacune en hauteur, 1 m. 07 c., et en largeur, 0,76 c.

Ces fenêtres ont leur cadre vitré pour les mauvais jours, et pendant l'été ne sont recouvertes que par une toile claire.

Du mur de face au mur du fond, il y a dix mètres de vide, et les crèches et les râteliers s'étendent dans le même sens, de la face au fond et tout le long des murs de séparation dits de refends. Les bœufs sont placés à gauche en entrant, les vaches à droite, quatre bœufs d'un côté, quatre vaches de l'autre, se tournant par conséquent le dos et laissant entre eux une place vide de deux mètres pleins.

Immédiatement à droite et à gauche en entrant dans l'étable, on trouve deux petits cabinets en planches, qu'on appelle dans le pays páturiers, et dans lesquels le bouvier jette de la grange l'aliment (foin ou paille, trèfle, sainfoin, refoin, etc.), qui est destiné à la nourriture des uns et des autres de ces animaux, la nourriture du bœuf n'étant pas toujours celle de la vache, et *vice versâ*.

Je vous prierai de remarquer encore, me dit M. Montaubion, que les deux ouvertures de ces pâturiers, qui ont aussi leurs portes fermantes, sont les deux seules qui communiquent de la grange à l'étable, et qu'il n'y en a pas d'autres. Je suis donc à l'abri de toute espèce de courant d'air de haut en bas. Autrefois, chaque paire de bœufs avait au-dessus de son râtelier et de sa tête par conséquent, l'ouverture par où on lui donnait à manger, et j'avais beau recommander de tenir cette ouverture fermée, il arrivait souvent qu'on l'oubliait, et des refroidissements fréquents étaient la suite inévitable de cette négligence. Plusieurs fois annuellement mes bœufs prenaient l'épine dorsale douloureuse, et il me fallait cinq à six jours pour les rétablir. Mes vaches, lors de leur vêlage, s'en ressentaient aussi plus ou moins. Depuis que j'ai adopté le pâturier, les accidents sont devenus tellement rares chez moi, que je puis conseiller hardiment et pour tous les pays l'emploi de ces cabinets à foin.

Ces pâturiers ont encore d'autres avantages, comme, par exemple, de mettre le bouvier plus à portée de voir quand les bœufs n'ont plus à manger et qu'il faut renouveler leur provision ; car soit dit en passant (c'est toujours M. Montaubiou qui parle), j'aime les petites données et fréquemment répétées, tout comme aussi j'aime bien qu'on puisse trier les poussières pour les mettre en crèche un peu avant d'envoyer boire.

Il y a encore dans chacun de ces cabinets divers ustensiles qui servent, soit à donner du sel, soit à donner la provende. (Je dirai plus tard comment procède M. Mautaubiou dans ces deux choses essentielles.) Ceux destinés aux bœufs sont simplement des morceaux de bois creusés d'environ 10 cent. dans leur intérieur, sur une largeur de 15, pour que le bœuf y entre facilement son mufle, et de 1 mètre de longueur. Ceux destinés aux vaches sont simplement des sceaux en bois à cercles ronds avec une douelle plus longue percée en travers dans le haut, par où passe la main qui les porte : ces sceaux ou baquets coûtent ordinairement 75 cent. la pièce.

Un grand lit, pouvant servir à plusieurs domestiques, tout enveloppé de planches sans toucher le mur ni le sol, occupe le fond de cette étable, vers le milieu ; il est suspendu aux poutres. Le vide qui est au-dessous de ce lit est ordinairement occupé par les jeunes veaux de boucherie ; M. Montaubiou n'élève plus. Tout à l'heure je dirai aussi par quelles raisons il justifie cette manière de faire, qu'il n'a adoptée qu'après de nombreuses expériences.

Il y a des propriétaires-cultivateurs, me dit M. Montaubiou à l'occasion de ce lit, qui ne font pas coucher dans leurs étables ; je ne les approuve pas. Quant à moi, je ne dormirais point tranquille si je ne savais dans ce lit un de mes meilleurs employés.

En effet, si un de mes animaux vient à se détacher, par le bruit qu'il fait avec sa sonnette ou par celui qu'il fait faire aux autres, le domestique se réveille, et a bientôt remis tout en ordre.

La litière me parut jetée avec une très-grande prodigalité : tout le sol de l'étable en était couvert, aussi bien sous les pieds de devant que sous ceux de derrière. Dans le couloir surtout où nous étions, il me semblait que nous en avions un mètre sous les pieds.

Je ne pus m'empêcher d'en témoigner quelque étonnement à mon hôte, qui se hâta de me dire : N'oubliez pas que je vous ai répété déjà plusieurs fois que ma vie entière s'est passée à simplifier notre art le plus possible ; à ce moment vous êtes sur un des faits de simplification les plus essentiels, et sur lequel je vais prendre le plaisir de vous donner quelques explications. Je n'ai pas toujours réussi, dans mes tentatives de simplification, du premier coup, cela est vrai ; mais rarement j'ai manqué d'atteindre mon but, du plus au moins. Oui, vous l'avez deviné, en ce moment vous êtes sur un tas de fumier d'au moins 0,60 cent. d'épaisseur, et je ne crois pas que vous puissiez vous plaindre d'aucune sorte de mauvaise odeur , ou de toute émanation ammoniacale.

A chaque veille du premier dimanche de chaque mois d'été, vous en trouverez à peu près autant ; c'est que je ne le sors qu'une fois par mois dans la belle saison, et moins souvent encore pendant l'hiver. Vous ne trouverez chez moi ni emplacement pour le fumier, ni loge à purin, ni réservoir quelconque, ni pompe à aorrsement, etc. Ceux qui se servent de toutes ces choses ont peut-être raison, je ne veux pas examiner cette thèse en ce moment, nous verrons plus tard ; mais, pour moi, j'en suis arrivé, après une longue expérience, à reconnaître que tous les brassages de fumier étaient une pure perte de temps, pour ne pas dire autre chose. Nous allons examiner de plus près comment j'opère maintenant.

Le terrain de l'étable dans lequel nous sommes était autrefois tout de niveau, et pour peu que la quantité de fumier fût considérable, bêtes et gens étaient dans l'eau et l'ordure. — Pour éviter cette malpropreté, voici ce que j'ai fait : J'ai creusé en berceau le sol de mon étable, de manière qu'en partant des deux crèches j'arrive par une pente douce à avoir une profondeur de 50 centimètres dans sa plus grande largeur du milieu. Ma crèche est à un mètre au-dessus du sol, de façon que je puis encore élever, dans ce mètre, mon fumier de 15 à 20 cent., sans gêner en rien l'animal, ce qui me donne, lorsque la fin du mois est arrivée, une masse de fumier bon à sortir de deux pieds environ. A chaque nettoyage, l'opération se fait à fond ; j'ai même soin de bien faire balayer pour qu'il ne reste aucune parcelle de vieux fumier. Le premier lit de paille que je mets au fond est en partie composé de la première couche enlevée qui est peu fermentée, et j'ai soin de faire faire le premier lit assez épais et toujours plus abondant que ceux qui viennent ensuite. Le lendemain ou le surlendemain, suivant le temps ou suivant la nourriture des animaux, je fais brasser le tout énergiquement, remuer sens dessus dessous, et avant de faire répartir un second lit, je blanchis l'ancien avec du plâtre calciné, mis en poudre grossière, qui me coûte 1 fr. les 100 kil. J'ajoute de la litière tous les jours, suivant le besoin, et n'éparpille du plâtre que deux fois par semaine.

Je puis procéder ainsi pendant un mois consécutif, et même plus, et véritablement cela m'est arrivé quelquefois, tout comme aussi il m'arrive de le faire sortir et transporter aux champs au bout de quinze jours huit jours même, si j'en ai besoin dans cet espace de temps. Le lendemain d'un jour de grande pluie, où les bestiaux ne sont pas occupés, ou bien s'il vient à manquer du fumier dans une pièce en labour, on charge dans l'étable, car c'est là dorénavant mon seul et unique tas.

Je me trouve très-bien de l'emploi du fumier frais : vous reviendrez au printemps, mon cher visiteur, et vous verrez un peu mes blés en herbe; avant votre départ, à cette visite, je vous ferai jeter un coup d'œil sur mes trèfles de l'année.

Le fumier que mes bêtes à cornes me font pendant l'hiver est transporté dans ma bergerie, creusée plus profondément encore que mon étable à bœufs; et quand vient l'été, que je puis mettre au parc mes bêtes à laine, je retire de la bergerie une immense masse de fumier, tout de première qualité, que j'ai eu le soin de faire brasser au moins trois fois. J'aurai aussi, sur ma bergerie, quelques détails à vous donner ; mais n'anticipons pas, procédons par ordre.

Les quatre bœufs que vous voyez, ainsi que deux vaches, sont à l'engrais. Le tour des deux autres vaches viendra après. Tous ces animaux m'ont servi à faire mes travaux d'automne. Je vendrai ces six bêtes courant janvier, non pas en première qualité, mais en très-bonne qualité. Je remplacerai ces deux vaches grasses par deux vaches fraîches à lait ou prêtes à mettre bas. Je n'élève plus; cette explication viendra après. Mes quatre bœufs gras seront remplacés à ma convenance par quatre autres gras aussi, ou du moins dans cet état que nous qualifions de bien partis; pour ce remplacement je rencontre ordinairement assez bien, car à cette époque il fait bon acheter : les prix vont en s'augmentant chaque mois; le poids des bœufs, leur graisse s'augmentent en même temps, et, j'en ai fait bien souvent la remarque, ce sont les animaux que j'achète à cette époque qui me paient le fourrage qu'ils consomment au plus haut prix.

Le chemin de ma propriété est bien connu des bouchers qui habitent les villes voisines; et par les achats souvent répétés qu'ils font chez moi, ils m'obligent à de fréquents remplacements, ce que je fais toujours avec plaisir, et je dois ajouter, avec profit.

Je n'ai pas de balances, je n'ai pas de bascule : de simples ficelles d'un sou pièce me suffisent parfaitement : pour le rendement en viande nette, je me sers des indications de M. Mathieu de Dombasle, et pour le poids vivant, de la méthode de M. Quételet, de Bruxelles. Je suis satisfait de l'un et de l'autre de ces deux procédés, surtout des indications de M. Mathieu de Dombasle pour la viande nette; les erreurs que je commets avec ma ficelle faite sur ses renseignements sont insignifiantes; il est vrai de dire que je la modifie un peu, suivant l'état de graisse de l'animal et suivant les places où cette graisse est répartie. Quand elle est plus sur le derrière que sur le devant, je fais un peu moins serrer ma ficelle que si c'est le contraire qui a lieu. Je me sers de la ficelle à nœuds, et non de la mesure faite avec un ruban ; la ficelle obéit mieux à ma volonté et est, selon moi, moins sujette à erreur. Je vous ferai connaître, mon cher visiteur, mon mode de graduation, de préparation pour ma ficelle, et vous donnerai même, pour vous en servir, ma grande règle métrée qui me sert à distancer les nœuds.

A la suite de cette visite à l'étable à bœufs et pendant le temps que M. Montaubiou était allé chercher la règle métrée pour me la donner, j'ai écrit sur mon portefeuille quelques notes sur la manière dont on administrait le sel et la provende dans cette exploitation, qui me paraissait déjà pouvoir servir de modèle et que je vais décrire.

Deux fois par semaine, le jeudi et le dimanche, aussitôt que les bœufs reviennent de l'abreuvoir le matin, ils trouvent dans leur crèche le baquet dont il a été déjà question lorsque nous avons parlé des pâturiers, avec la donnée de sel pour chacun, 50 grammes environ pour chaque bœuf ; tout au long et dans le fond du baquet, c'est quelquefois un peu de son frisé qui fait la provende ; d'autres fois c'est du grain à moitié cuit ou trempé d'eau depuis quelques jours, avoine, orge, ers ou allier, etc., ou encore de la poussière de foin échaudée.

C'est toujours sur la provende que s'étend la quantité de sel indiquée, grossièrement pilé.

Après avoir mangé ce sel et la provende, les bœufs ou les vaches ramassent le reste de leur nourriture qui se trouve soit dans le râtelier, soit dans la crèche ; puis ils se couchent pour ruminer ou vont au travail, dans lequel on a soin de ne pas trop les activer pour qu'encore là ils puissent ruminer à l'aise.

Lorsque les bœufs sont spécialement à l'engrais, le sel leur est donné de la même manière et en même quantité, mais tous les deux jours. M. Montaubiou m'a fait observer qu'il ne s'était jamais bien trouvé d'en donner tous les jours, et il a reconnu par son expérience propre qu'un jour au moins d'intervalle était nécessaire. Ce n'est pas à la balance qu'il a fait cette découverte, et il a ri beaucoup quand je lui ai parlé d'expériences faites à l'aide de cet instrument pour connaître les effets du sel sur les animaux. Tout cultivateur, me disait-il, qui ne reconnait pas au simple toucher les effets de la nourriture quelle qu'elle soit, doit retourner à l'école, afin d'apprendre l'a, b, c, du métier.

M. Montaubiou donne tous les jours une portion de provende, et à chaque repas quand il fait l'engraissement. Cette provende est, en outre des ingrédients cités ci-dessus, des farineux, du pain de noix, de navette et même de colza, etc.

Je dois faire mention ici d'une discussion que j'ai eue avec M. Montaubiou sur le pansage des bêtes à cornes, auquel il a renoncé complétement ; et cela, m'a-t-il dit, après des essais comparatifs nombre de fois répétés. — Il m'a assuré que tous les cultivateurs qui feraient ces comparaisons avec soin, arriveraient aux mêmes résultats, quoi qu'en puissent dire les théoriciens. Il est vrai de dire que chez lui il y a toujours abondance de litière.

CHAPITRE III.

Nous avons dit que M. Montaubiou n'élevait plus : voici ce qu'il m'a fait connaître à cet égard : quand on élève les animaux nés chez soi, on élève ce qui vient, sans choix par conséquent, et l'on s'est donné une peine considérable pour avoir des sujets distingués tant du côté du père que du côté de la mère, pour aboutir souvent à un avortement : à mon sens, ajoutait-il en se résumant, ce ne sont pas les connaisseurs qui font naître chez eux. Quant à moi, je trouve infiniment plus avantageux d'aller à telle ou telle foire où viennent des génisses pleines de tous les environs, et j'achète à mon choix celles qui sont le mieux marquées aux signes Guénon, lorsque je veux revendre de bonnes vaches à lait. J'en suis tout au plus quitte pour donner un petit écu de plus, parce que j'achète le matin; et encore c'est souvent le contraire qui a lieu, car quelquefois ces bêtes se vendent le soir plus cher que le matin.

Après ce petit temps d'arrêt, nous allons revenir à la règle métrée de M. Montaubiou pour la confection de la ficelle à nœuds, méthode dite de Mathieu de Dombasle.

Le cultivateur flamand, inventeur de ce procédé, et M. Mathieu de Dombasle se sont servis pour leur poids du 1/2 kil. sous le nom de livre. Nous suivrons cette même indication; et, bien que je n'aie emporté cette règle qu'en partant de chez M. Montaubiou, et que ce n'a été que chez moi que j'ai étudié le mode de s'en servir, je place néanmoins ici la description du procédé, pour ne pas interrompre ce que j'ai à dire sur la chose, et afin de mieux la faire comprendre.

Je reviendrai dans un instant aux détails de la continuation de ma visite.

Cette petite corde ou ficelle coûte 5 centimes, et l'on en trouve, non seulement chez tous les marchands de cordages, mais encore chez tous les épiciers et tous les bourreliers, sous le nom, dans le Nord de la France, de ficelles de Strasbourg, et dans le Midi sous celui de ficelles de Roman. C'est en effet la même qui est vendue aux charretiers, postillons, voituriers, à tous ceux enfin qui emploient le fouet pour la conduite de leurs équipages. Les paquets sont ordinairement faits par douzaine, mais on peut choisir dans le nombre, et dans ce cas avoir soin de prendre les plus fines de chaque paquet. Cette ficelle a une longueur ordinairement de trois mètres. Quand elle est dépliée, on fait une ganse à l'une de ses extrémités et on l'accroche par là à un tenon quelconque ; ensuite, avec une clef ou un petit morceau de bois rond qu'on enroule autour d'elle à deux ou trois tours, on fait glisser, en forçant un peu, vers l'autre extrémité. On recommence cette opération jusqu'à ce que la ficelle ne produise plus de spirales, et qu'elle reste immobile dans sa tension lorsqu'on la laisse tomber à terre. On la frotte ensuite avec de la cire ou jaune, ou blanche, et enfin avec un morceau de drap grossier qui fait pénétrer la cire dans tout l'intérieur. Cela fait, on l'applique ainsi préparée sur la règle, dont nous allons aussi donner la description.

Cette règle peut avoir plusieurs longueurs ; cela dépend du goût ou de la volonté de celui qui s'en sert. M. Montaubiou a adopté celle de 3 mètres pour sa plus grande, et celle de 1 m. 87 c. pour sa plus courte. Un de ses amis, m'a-t-il dit, a une canne d'un mètre de long ; il l'a réglée en conséquence, et il dit qu'il s'en trouve bien. Dans tous les cas, voici la description de la grande règle de M. Montaubiou, celle qu'il m'a donnée.

Longueur, 3 mètres.

Largeur, 5 centimètres.

Épaisseur 1 cent. 1/2.

En bois de sapin.

Le premier trait qui indique le premier nœud est tracé à 5 centimètres d'un de ses bouts ; on a besoin de cette distance, parce que le premier nœud, qui se fait à cette place, suit les mouvements de la corde, qui, quoi qu'on

— 44 —

fasse, s'allonge ou se raccourcit un peu suivant la température du jour où l'on s'en sert, variations qui obligent à vérifier quelquefois la mesure et à la régler par le changement qu'on fait subir à ce premier nœud. Nous appellerons ce premier nœud, susceptible d'être avancé ou reculé, *nœud étalon*.

Le deuxième trait est à la distance du premier de 1 m. 81 c. 50 mil., et correspond au chiffre de 350 livres ou 350 demi-kilogrammes.

Nous allons pour plus de clarté procéder par tableau.

Du nœud étalon au premier nœud qui marque le poids, il y a, nous le répétons, une distance de 1 mètre 81 centimètres 50 millimètres, qui indique 350 livres.

à 8 cent. au-delà, c'est-à-dire à 1 m. 89 c. 50 mil., nous aurons 400 livres.
à 7 75 au-delà, c'est-à-dire à 1 97 50 nous aurons 450
à 7 25 au-delà, c'est-à-dire à 2 04 50 nous aurons 500
à 7 au-delà, c'est-à-dire à 2 11 50 nous aurons 550
à 6 25 au-delà, c'est-à dire à 2 17 75 nous aurons 600
à 6 au-delà, c'est-à-dire à 2 23 75 nous aurons 650
à 5 75 au-delà, c'est-à-dire à 2 29 50 nous aurons 700
à 5 50 au delà, c'est-à-dire à 2 33 » nous aurons 750
à 5 25 au-delà, c'est-à-dire à 2 40 25 nous aurons 800
à 5 au-delà, c'est-à-dire à 2 43 25 nous aurons 850
à 4 75 au-delà, c'est-à-dire à 2 50 » nous aurons 900
à 4 50 au-delà, c'est à-dire à 2 54 50 nous aurons 950
à 4 25 au-delà, c'est-à-dire à 2 58 75 nous aurons 1,000
à 4 au-delà, c'est-à-dire à 2 62 75 nous aurons 1,050
à 3 75 au-delà, c'est-à-dire à 2 66 50 nous aurons 1,100
à 3 50 au delà, c'est-à-dire à 2 70 » nous aurons 1,150
à 3 25 au-delà, c'est-à-dire à 2 73 25 nous aurons 1,200

Comme les bœufs qui excèdent le poids de 1,200 livres, viande nette, sont excessivement rares, nous nous arrêtons à ce chiffre.

On voit d'ailleurs la progression descendante des centimètres par 50 livres, ce qui permettra à chacun de pousser plus loin les tableaux, si l'utilité en est reconnue.

Du reste nous donnerons ci-après une autre combinaison de chiffres qui permettra d'embrasser les poids approximatifs des plus grandes masses bovines créées ou à créer.

Voici maintenant la manière de procéder, non pas à la fabrication, mais à la confection de la ficelle.

La corde étant préparée comme nous venons de le dire, ne formant plus de spirales, et enduite de cire, est présentée à la règle : on fait un premier nœud à un de ses bouts et on applique ce nœud sur le trait de la règle qui est à 5 centimètres d'un de ses bouts. On la fixe à ce point solidement, soit avec deux petites pointes piquées dans la règle, et serrées de manière à ce que le nœud ne puisse passer en travers, soit de toute autre façon. On étend de nouveau la corde sur la règle, et arrivé au trait qui est à 1 m. 81 c. 50 mil., on fait un autre nœud ; ce nœud est le premier de la corde qui indique un poids ; ce poids est celui de 350 livres ou 350 demi-kilog., viande nette. Au deuxième trait, qui est à 8 centimètres plus loin, on fait encore un autre nœud et ce nœud indiquera 400 livres, et ainsi de suite, chaque nœud ajoutant 50 livres à la corde. Au trait qui indique 500 livres, on fait deux nœuds qui se touchent, comme à celui qui indiquera mille livres, et cela pour se reconnaitre plus facilement et plus vite quand on a en main la circonférence du bœuf.

Ces deux nœuds à 500 et à 1,000 livres servent de points de repère.

La ficelle, et ceci est particulièrement à observer, quoique faite avec tous les soins que nous avons indiqués, est sujette à diverses altérations ; tantôt elle s'allonge, tantôt elle se retire : bien que ces altérations ne soient pas considérables, il faut les prévoir et y remédier. S'il pleut un jour de foire, et qu'on veuille acheter, la ficelle, mouillée par l'eau qui tombe, et par le contact avec le bœuf mouillé qu'on mesure, ferait erreur en plus ; et cette erreur serait en moins si la chaleur était forte un jour d'achat.

Toutefois ces variations ne sont sensibles que par un usage fréquent de la mesure, et dans les conditions que nous venons d'expliquer.

C'est dans ces cas néanmoins, qu'il est bon d'avoir sur soi un mètre pour régler la distance du nœud étalon, ce qui suffit parfaitement ; ou, mieux encore, d'avoir tracée cette mesure sur le bâton qu'on porte, ou sur son manche de fouet.

Il ne faut pas oublier que, par la méthode de M. Mathieu de Dombasle, on n'obtient que le poids de la viande nette, c'est-à-dire le poids des quatre quartiers seulement, et il faut bien qu'on sache qu'il y a des lieux en France où l'on ajoute aux quatre quartiers, sous la dénomination de viande nette, ici la tête, là les rognons, et dans quelques endroits la tête et les rognons tout à la fois. C'est à celui qui fait usage de la ficelle à s'informer tout d'abord des usages reçus et d'en tenir note dans ses appréciations. Il pourra, pour le besoin de sa cause, faire sa ficelle en conséquence, en rapprochant ou éloignant tant soit peu le *nœud étalon*.

Je crois que c'est ici le lieu de faire connaître une méthode particulière de distancer les nœuds, qui donne les résultats en francs au lieu de donner les poids, la qualité de l'animal étant appréciée et son prix du quintal (50 kil.), viande nette, étant connu. Cette méthode simplifie de beaucoup l'appréciation à faire du prix total de l'animal et facilite considérablement les marchés. — Je vais, du reste, donner des explications détaillées pour la confection de ces ficelles, suivant chaque prix.

Pour obtenir, comme nous venons de le dire, le prix de l'animal dans son ensemble en le mesurant, il faut se fabriquer une certaine quantité de ficelles appropriées aux prix courants suivant les qualités.

M. Montaubiou, en m'indiquant toutes ces choses, a pris le soin de me faire observer que, dans sa longue pratique, il avait remarqué que la ficelle qui portait des nœuds au-dessous de 1 mèt. 82 cent. n'avait pas pour ces nœuds inférieurs la même exactitude que dans les chiffres supérieurs : cependant ces ficelles qu'il appelle subsidiaires descendent quelquefois au-dessous de ce chiffre de 1 mèt. 82 cent., parce qu'il est parti du nombre uniforme de 150 fr. qui s'augmente par chaque nœud de la somme de 50 fr. Par conséquent tous les nœuds de ses ficelles subsidiaires indiquent le même chiffre, quelle que soit la différence des prix : c'est l'espacement des nœuds dans chaque ficelle qu'il faut tâcher d'avoir avec précision.

Nous allons, suivant ses indications et notre propre expérience, dresser une certaine quantité de tableaux qui indiqueront pour chaque prix la distance où doivent se trouver les nœuds.

Si nous supposons le prix des 50 kil. de viande nette à 40 fr., nous aurons le tableau suivant :

Tableau pour servir à la confection d'une ficelle à nœuds qui indiquera la valeur d'un animal de boucherie (bœuf ou vache), le prix des 50 kil. de viande nette étant à 40 fr.

A partir du nœud étalon, il faut faire le premier nœud

	à 1 m. 85 c.,	» mil.,	et ce nœud indiquera	150 fr.
à 17 50 plus loin, c.-à-d. à 2	02	50	ce nœud indiquera	200
à 16 50 plus loin, c.-à-d. à 2	19	»	ce nœud indiquera	250
à 15 plus loin, c.-à-d. à 2	34	»	ce nœud indiquera	300
à 14 plus loin, c.-à-d. à 2	48	»	ce nœud indiquera	350
à 13 plus loin, c.-à-d. à 2	61	»	ce nœud indiquera	400
à 12 plus loin, c.-à-d. à 2	73	»	ce nœud indiquera	450
à 11 plus loin, c.-à-d. à 2	84	»	ce nœud indiquera	500

Nous ne pousserons pas plus loin ce tableau ni les tableaux suivants, parce que, nous l'avons déjà dit, les bœufs qui excèdent ce contour de poitrine sont excessivement rares : si d'ailleurs, pour un cas exceptionnel, cela devenait nécessaire, nos lecteurs en feraient facilement la suite en voyant la marche suivie et en s'aidant en outre de ce que nous dirons ci-après, lorsque nous donnerons les moyens de se passer et de ficelles et de tableaux.

Nos tableaux seront de 2 fr. en 2 fr. Ce qui nous paraît parfaitement suffisant pour tous les cas qui sont l'ordinaire du commerce.

Tableau pour servir à la confection d'une ficelle à nœuds qui indiquera la valeur d'un animal de boucherie (bœuf ou vache), le prix des 50 kil. de viande nette étant à 42 fr.

A partir du nœud étalon, il faut faire le premier nœud

	à 1 m. 83 c.,	» mil,	et ce nœud indiquera 150 fr.	
à 16 50 plus loin, c.-à-d. à 1	99	50	ce nœud indiquera 200	
à 15 50 plus loin, c.-à-d. à 2	15	»	ce nœud indiquera 250	
à 14 50 plus loin, c.-à-d. à 2	29	50	ce nœud indiquera 300	
à 13 50 plus loin, c.-à-d. à 2	43	»	ce nœud indiquera 350	
à 12 50 plus loin, c.-à-d. à 2	65	50	ce nœud indiquera 400	
à 11 50 plus loin, c.-à-d. à 2	67	»	ce nœud indiquera 450	
à 10 50 plus loin, c.-à-d. à 2	77	50	ce nœud indiquera 500	

Tableau pour servir à la confection d'une ficelle à nœuds qui indiquera la valeur d'un animal de boucherie (bœuf ou vache), le prix des 50 kil. de viande nette étant à 44 fr.

A partir du nœud étalon, il faut faire le premier nœud

	à 1 m. 81 c.,	et ce nœud indiquera 150 fr.	
à 16 cent. plus loin, c'est-à-dire à 1	97	ce nœud indiquera 200	
à 15 plus loin, c'est-à-dire à 2	12	ce nœud indiquera 250	
à 14 plus loin, c'est-à-dire à 2	26	ce nœud indiquera 300	
à 13 plus loin, c'est-à-dire à 2	39	ce nœud indiquera 350	
à 12 plus loin, c'est-à-dire à 2	51	ce nœud indiquera 400	
à 11 plus loin, c'est-à-dire à 2	62	ce nœud indiquera 450	
à 10 plus loin, c'est-à-dire à 2	72	ce nœud indiquera 500	

Tableau pour servir à la confection d'une ficelle à nœuds qui indiquera la valeur d'un animal de boucherie (bœuf ou vache), le prix des 50 kil. de viande nette étant à 46 fr.

A partir du nœud étalon, il faut faire le premier nœud

	à 1 m. 79 c.	» mil.,	et ce nœud indiquera 150 fr.	
à 15 50 plus loin, c.-à-d. à 1	94	50	ce nœud indiquera 200	
à 14 50 plus loin, c.-à-d. à 2	09	»	ce nœud indiquera 250	
à 13 50 plus loin, c.-à-d. à 2	22	50	ce nœud indiquera 300	
à 12 50 plus loin, c.-à-d. à 2	35	»	ce nœud indiquera 350	
à 11 50 plus loin, c.-à-d. à 2	46	50	ce nœud indiquera 400	
à 11 plus loin, c.-à-d. à 2	57	50	ce nœud indiquera 450	
à 10 50 plus loin, c.-à-d. à 2	68	»	ce nœud indiquera 500	

Tableau pour servir à la confection d'une ficelle à nœuds qui indiquera la valeur d'un animal de boucherie (bœuf ou vache, le prix des 50 kil. de viande nette étant à 48 fr.

A partir du nœud étalon, il faut faire le premier nœud

		à 1 m. 77 c.	»	mil., et ce nœud indiquera 150 fr.		
à 15	plus loin, c.-à-d. à 1	92	»		ce nœud indiquera 200	
à 14	plus loin, c.-à-d. à 2	06	»		ce nœud indiquera 250	
à 13	plus loin, c.-à-d. à 2	19	»		ce nœud indiquera 300	
à 12	plus loin, c.-à-d. à 2	31	،		ce nœud indiquera 350	
à 11	plus loin, c.-à-d. à 2	42	»		ce nœud indiquera 400	
à 10 50	plus loin, c.-à-d. à 2	52	50		ce nœud indiquera 450	
à 10	plus loin, c.-à-d. à 2	62	50		ce nœud indiquera 500	

Tableau pour servir à la confection d'une ficelle à nœuds qui indiquera la valeur d'un animal de boucherie (bœuf ou vache), le prix des 50 kil. de viande nette étant à 50 fr.

A partir du nœud étalon, il faut faire le premier nœud

		à 1 m. 75 c.	»	mil., et ce nœud indiquera 150 fr.		
à 14 50	plus loin, c.-à-d. à 1	89	50		ce nœud indiquera 200	
à 14	plus loin, c.-à-d. à 2	03	50		ce nœud indiquera 250	
à 13	plus loin, c.-à-d. à 2	16	50		ce nœud indiquera 300	
à 12	plus loin, c.-à-d. à 2	28	50		ce nœud indiquera 350	
à 11	plus loin, c.-à-d à 2	39	50		ce nœud indiquera 400	
à 10	plus loin, c.-à-d. à 2	49	50		ce nœud indiquera 450	
à 9 50	plus loin, c.-à-d. à 2	59	»		ce nœud indiquera 500	

Tableau pour servir à la confection d'une ficelle à nœuds qui indiquera la valeur d'un animal de boucherie (bœuf ou vache), le prix des 50 kil. de viande nette étant à 52 fr.

A partir du nœud étalon, il faut faire le premier nœud

		à 1 m. 73 c.	»	mil., et ce nœud indiquera 150 fr.		
à 14	plus loin, c.-à-d. à 1	87	»		ce nœud indiquera 200	
à 13 50	plus loin, c.-à-d. à 2	»	50		ce nœud indiquera 250	
à 13	plus loin, c.-à-d. à 2	13	50		ce nœud indiquera 300	
à 12	plus loin, c.-à-d. à 2	25	50		ce nœud indiquera 350	
à 11	plus loin, c.-à-d. à 2	36	50		ce nœud indiquera 400	
à 10	plus loin, c.-à-d. à 2	46	50		ce nœud indiquera 450	
à 9	plus loin, c.-à-d. à 2	55	50		ce nœud indiquera 500	

Tableau pour servir à la confection d'une ficelle à nœuds qui indiquera la valeur d'un animal de boucherie (bœuf ou vache), le prix des 50 kil. de viande nette étant à 54 fr.

A partir du nœud étalon, il faut faire le premier nœud

			à 1 m. 72 c.	» mil.,	et ce nœud indiquera 150 fr.
à 13 50	plus loin, c.-à-d.	à 1	85	50	ce nœud indiquera 200
à 13	plus loin, c.-à-d.	à 1	98	50	ce nœud indiquera 250
à 12	plus loin, c.-à-d.	à 2	10	50	ce nœud indiquera 300
à 11 50	plus loin. c.-à-d.	à 2	22	»	ce nœud indiquera 350
à 11	plus loin, c.-à-d.	à 2	33	»	ce nœud indiquera 400
à 10	plus loin, c.-à-d.	à 2	43	»	ce nœud indiquera 450
à 9	plus loin, c.-à-d.	à 2	52	»	ce nœud indiquera 500

Tableau pour servir à la confection d'une ficelle à nœuds qui indiquera la valeur d'un animal de boucherie (bœuf ou vache), le prix des 50 kil. de viande nette étant à 56 fr.

A partir du nœud étalon, il faut faire le premier nœud

			à 1 m. 71 c.	» mil.,	et ce nœud indiquera 150 fr.
à 13	plus loin, c.-à-d.	à 1	84	»	ce nœud indiquera 200
à 12 50	plus loin, c.-à-d.	à 1	96	50	ce nœud indiquera 250
à 12	plus loin, c.-à-d.	à 2	08	50	ce nœud indiquera 300
à 11 50	plus loin, c.-à-d.	à 2	20	»	ce nœud indiquera 350
à 10 50	plus loin, c.-à-d.	à 2	30	50	ce nœud indiquera 400
à 9	plus loin, c.-à-d.	à 2	39	50	ce nœud indiquera 450
à 8 50	plus loin, c.-à-d.	à 2	48	»	ce nœud indiquera 500

Tableau pour servir à la confection d'une ficelle à nœuds qui indiquera la valeur d'un animal de boucherie (bœuf ou vache), le prix des 50 kil. de viande nette étant à 58 fr.

A partir du nœud étalon, il faut faire le premier nœud

			à 1 m. 69 c.	» mil,	et ce nœud indiquera 150 fr.
à 12 50	plus loin, c.-à d.	à 1	81	50	ce nœud indiquera 200
à 12	plus loin, c.-à-d.	à 1	93	50	ce nœud indiquera 250
à 11 50	plus loin, c.-à-d.	à 2	05	»	ce nœud indiquera 300
à 11	plus loin, c.-à d.	à 2	16	»	ce nœud indiquera 350
à 10 50	plus loin, c.-à-d.	à 2	26	50	ce nœud indiquera 400
à 9 50	plus loin, c.-à-d.	à 2	36	»	ce nœud indiquera 450
à 8 50	plus loin, c.-à-d.	à 2	44	50	ce nœud indiquera 500

Tableau pour servir à la confection d'une ficelle à nœuds qui indiquera la valeur d'un animal de boucherie (bœuf ou vache), le prix des 50 kil. de viande nette étant à 60 fr.

à partir du nœud étalon, il faut faire le premier nœud

		à 1 m. 67 c.	» mil.,	et ce nœud indiquera 150 fr.
à 12	plus loin, c.-à-d. à 1	79	»	ce nœud indiquera 200
à 11 50	plus loin, c.-à-d. à 1	90	50	ce nœud indiquera 250
à 11	plus loin, c.-à-d. à 2	04	50	ce nœud indiquera 300
à 10 50	plus loin, c.-à-d. à 2	12	»	ce nœud indiquera 350
à 10	plus loin, c.-à-d à 2	22	»	ce nœud indiquera 400
à 9 50	plus loin, c.-à-d. à 2	31	50	ce nœud indiquera 450
à 8 50	plus loin, c.-à-d. à 2	40	»	ce nœud indiquera 500

Les prix supérieurs à 60 fr. les 50 kil. nets étant rarement atteints, malheureusement pour les éleveurs et les consommateurs, nous nous arrêterons à ce chiffre.

CHAPITRE IV.

SOMMAIRE. — *Quelques réflexions sur les tableaux qui indiquent le prix (viande nette) de l'animal sur pied. — Pliage des ficelles. — Poids en plomb indicateurs des prix. — Comment on doit s'y prendre pour passer la mesure. — Ce qu'il faut savoir pour parer à l'oubli ou à la perte de la ficelle. — Méthode Quételet pour avoir le poids de l'animal vivant. — Tableaux. — Le même résultat par un chiffre de convention. — Réduction du poids brut en viande, etc., etc.*

Si les cultivateurs auxquels nous nous adressons ont bien voulu lire les pages qui précèdent sur notre visite à M. Montaubiou, ils auront vu que nous avions abandonné pour un moment ce que nous avions à en dire encore pour leur faire part à cet endroit de la manière dont il préparait ses mesures à bœufs, leur dire comment il les nouait, et enfin quels moyens divers il employait pour bien se mettre au courant de la valeur des animaux, soit qu'il voulût en vendre, soit qu'il voulût en acheter.

Nous avons encore trouvé, en parcourant nos notes, la réflexion suivante de notre hôte, sur la distance des 2 francs que porte la *ficelle au prix total* : rien n'aurait empêché M. Montaubiou, ni nous non plus, de n'établir cette différence qu'à 1 franc ou même à 50 c., et de faire sur le journal des tableaux aussi nombreux que les étoiles au ciel. Si nous ne l'avons pas fait, c'est que nous savons, et ceux qui sont un peu au courant de ce commerce savent comme nous, combien il est difficile, par l'appréciation, d'arriver à un chiffre d'une exactitude absolue. D'ailleurs cette latitude de 2 francs sera le terrain, le champ clos, sur lequel se débattront vendeurs et acheteurs. L'acheteur soutiendra le chiffre inférieur; le vendeur naturellement, le chiffre supérieur, et les amis officieux, ce qui se fait d'ordinaire, se mettront en tiers et partageront la différence.

Et c'est ainsi qu'on arrive à la conclusion de presque tous les marchés qui se traitent en foire ou dans les lieux publics. Mais ce n'est pas encore tout, et nous trouvons de plus, sur notre même livre de notes, les indications suivantes :

Pliage de la ficelle.

Tous les nœuds de la ficelle étant faits et bien vérifiés, il restera, du côté où on les aura terminés, environ un mètre de ficelle inoccupé : on plie cette partie en un petit paquet, jusqu'à la distance de 20 cent. du dernier nœud, et on le fixe de manière à ce qu'il ne se déroule pas seul, avec une ganse rentrante, par exemple. Ce petit paquet sert alors de contre-poids pour entraîner la corde lorsqu'on la jette par-dessus le bœuf qu'on veut mesurer.

Les ficelles qui indiquent les prix doivent avoir accroché à ce petit paquet, ou simplement au bout, un morceau de plomb qui porte sur ses deux faces le chiffre du prix qu'indiquent les nœuds de la ficelle. Ce morceau de plomb pèse environ 20 grammes.

Il peut y avoir plusieurs modes de pliage pour la totalité de la ficelle; quand on veut la mettre en poche, chacun peut inventer un mode particulier; cependant, pour éviter des tâtonnements, nous dirons celui qui nous réussit le mieux : nous prenons le petit paquet ou le plomb dont nous venons de parler entre l'index et le pouce de la main gauche; avec la main droite, nous allons chercher le bout de la corde vers le nœud étalon, et nous le ramenons à cette main gauche en la faisant dépasser par 20 ou 25 cent. Nous doublons, redoublons jusqu'à ce que, toute pliée, elle n'ait qu'environ 10 c. de longueur en paquet; nous la serrons alors en la gansant avec le petit bout de 28 à 25 cent. que nous avions laissé dépasser en commençant : le dépliage dans ces conditions se fait toujours sans embarras.

Manière de se servir des deux ficelles à nœuds, l'une indiquant le poids net, et l'autre la valeur en francs de la bête mesurée.

Il faut d'abord et essentiellement prendre soin que l'animal ait sa tête bien placée, c'est-à-dire horizontale avec le corps. En foire et sous le joug, les animaux sont assez généralement bien en place ; à l'étable, lorsqu'ils mangent dans la crèche, ils sont généralement bien aussi ; il n'en est pas de même quand ils mangent au râtelier. Il faut aussi avoir grand soin que leurs jambes de devant soient bien sur la même ligne, pas plus avancées l'une que l'autre. — Cette dernière condition est très-essentielle.

Il est peu important d'être à gauche ou à droite pour jeter la ficelle ; M. Montaubiou se tient toujours en dehors des bœufs qui sont liés, ce qui le met dans l'obligation d'en mesurer un à droite, l'autre à gauche. Mais quelle que soit la place où l'on se met, la corde se lance toujours en avant de l'épaule qui est au côté opposé où est celui qui la lance. Le poids qu'on a eu soin de lui donner en la pliant l'entraîne alors, et lorsque le petit paquet paraît sous le fanon en avant des jambes, on se baisse, et après avoir fait passer vivement la petite pelote entre les deux jambes, on retire et on tient la ficelle appliquée derrière l'épaule, et passant sur le garrot de l'animal mesuré (bœuf ou vache).

Dans cette opération, il faut avoir l'œil à deux choses en dehors de la mesure : il faut surveiller le pied de derrière du bœuf et sa corne ; avec quelques précautions, par exemple, le port d'un petit bâton ou un manche de fouet qu'on tient à la main et qu'on glisse après sous le bras gauche, on prévient toutes les tentatives malfaisantes de l'animal.

M. Montaubiou m'a dit avoir mesuré plusieurs milliers de bœufs ou de vaches dans sa vie, et n'avoir jamais reçu ni coups de pied ni coups de corne.

On rencontre quelquefois des animaux qui, quoi qu'on fasse, ne veulent point se bien placer : dans ce cas il faut les mesurer des deux côtés, en observant toutefois qu'ils conservent bien la même position pendant le mesurage. —Pour faire le calcul, on partage la différence trouvée.

Si, par exemple, l'on trouve d'un côté 2.04
et de l'autre   2,12
on calculera sur 2,08.

En foire, il est généralement bien d'être deux, avec deux mesures bien semblables, et de les passer en même temps, l'un d'un côte, l'autre de l'autre ; de cette manière, en partageant la différence, s'il y en a une, on a du premier coup la circonférence véritable du bœuf, qu'il soit bien ou mal placé.

Nous venons de faire connaître les diverses manières de se servir de la ficelle à nœuds de M. Mathieu de Dombasle, qui indique le poids, et de la nôtre, ou plutôt de celle de M. Montaubiou, qui indique le prix ; nous ne voulons pas passer outre sans faire observer que, pour parer à l'oubli de la mesure que tout praticien est sujet à faire, il faut qu'il ait toujours à part lui quelques moyens de retrouver ses calculs, ce cas échéant. Voici le procédé :

Il faut graver dans un coin de sa mémoire, de manière à le retrouver quand on le voudra, que 1 mètre 82 cent., mesure trouvée entre les jambes, comme nous venons de le dire, correspond au poids de 350 livres ou demi-kilogrammes ; et qu'autant de fois 7 centimètres se trouvent contenus dans la quantité qui dépassera 1 mèt. 82 cent., autant de 50 livres il faudra ajouter au poids total, et cela jusqu'au contour de poitrine donnant 2 mèt. 29 cent., chiffre qui correspond à 700 livres, et se rappeler que passé ce dernier chiffre, 2 mèt. 29 c., c'est-à-dire 700 livres, les 50 livres sont faites par 5 centimètres.

Exemple pour le premier cas.

Circonférence du thorax ou contour de poitrine,
2 mèt. 10 cent.

Je dis	1	82	donnent	350 livres.
En plus,	»	28 cent.		

Dans 28 cent. il y a 4 fois 7, ou 4 fois 50,

soit	200	—
Total,	550 livres.	

Exemple pour le second cas.

Circonférence du thorax ou contour de poitrine,
2 mèt. 54 cent.

Je dis	2	29	donnent	700 livres.
En plus,	»	25 cent.		

Dans 25 cent. il y a 5 fois 5, ou

	250	—
Ensemble,	950 livres.	

Pour plus de facilité dans le calcul, on peut multiplier par 7 le chiffre qui reste après la soustraction faite sur 1,82, et on approchera assez ; soit, dans le premier exemple cité, le reste étant 28, on aura 196 au lieu de 200 ; et, dans le deuxième exemple, après la soustraction du chiffre 2 m. 29, multipliez par 10 le restant, ce qui se fait en ajoutant un zéro au chiffre qu'on veut multiplier par 10; ainsi donc, dans l'exemple, 25 devient 250.

Ces deux méthodes, ou plutôt la ficelle qui indique le prix et la ficelle qui indique le poids, peuvent se contrôler l'une par l'autre : c'est même un moyen d'approcher la vérité de plus près.

Nous avons été forcé par l'importance du sujet à entrer dans tous les détails qui précèdent. Le jeune cultivateur qui sera bien au courant de la valeur du bétail, soit qu'il vende, soit qu'il achète, trouvera bien vite le moyen de faire produire à ses prairies le plus haut prix de leur récolte: et cela n'est pas peu de chose, la culture fourragère devant entrer pour moitié au moins dans toute exploitation rurale passablement bien dirigée.

Pour arriver au plus près possible à la connaissance de la valeur d'un animal, il est encore une autre méthode sur laquelle M. Montaubiou nous a donné de très-nombreux détails : c'est celle de M. Quételet, directeur de l'observatoire de Bruxelles, pour reconnaître en les mesurant le poids des bêtes à cornes en vie, c'est-à-dire leur poids brut.

Cet usage de vendre à poids vivant nous semble devoir remplacer avec avantage le poids viande nette. Ses inconvénients nous paraissent moins nombreux, et les marchés plus tôt définitivement réglés ou soldés, ce qui est dans ce commerce d'une très-grande importance.

Il y a du reste entre les deux méthodes de nombreux points d'affinités; et même, pour approcher le plus de la vérité, elles peuvent s'aider l'une l'autre.

M. Montaubiou croit, et je crois avec lui, qu'il est aujourd'hui peut-être aussi important de bien connaître celle-ci que l'autre; c'est pourquoi je vais, toujours appuyé sur son expérience, entrer dans tous les détails qui nous paraîtront nécessaires pour l'intelligence parfaite du procédé qui donne le poids vivant.

Nous dirons d'abord que, pour le poids vivant, il n'est pas aussi rigoureusement nécessaire que le bœuf soit si bien placé que pour la méthode du poids net; il est peu important que sa tête soit haute ou basse, ou horizontale; que ses jambes soient plus ou moins avancées, etc. Cependant il est toujours préférable que l'animal soit tranquille et dans une position normale.

Manière de le mesurer.

La mesure la plus ordinaire est un ruban de 3 mètres de longueur, enroulé dans une boîte. — Une ficelle à nœuds bien distancés est tout aussi bonne.

C'est derrière les jambes de devant qu'on prend la mesure de la circonférence, et non point en passant entre les jambes comme dans la méthode du poids net. On a soin d'inscrire la mesure trouvée.

Ensuite on prend la longueur du bœuf depuis le devant de l'épaule jusqu'à la partie la plus arriérée des cuisses. On inscrit encore cette mesure.

On porte enfin ces deux mesures sur les tableaux que nous allons faire connaître.

Tableaux devant faire trouver avec les deux mesures:

1° La circonférence prise derrière les jambes de devant.

2° La longueur de la pointe de l'épaule à la partie la

plus reculée de la cuisse, la ligne passant à peu près par le milieu des côtes.

Tableaux devant faire trouver, disons-nous, le poids vivant des bêtes à cornes.

POIDS BRUT DES BÊTES A CORNES EN KILOGRAMMES.

CIRCONFÉRENCE prise derrière les JAMBES DE DEVANT.	LONGUEUR EN CENTIMÈTRES depuis la partie antérieure de l'épaule jusque derrière la cuisse.															
	120	124	128	130	132	134	136	138	140	142	144	146	148	150	152	154
140.	206	213	220	223	226	230	233	237	240	244	247	250	254	257	261	264
142.	212	219	226	229	233	236	240	244	247	251	254	258	261	265	268	272
144.	218	225	232	236	240	243	247	250	254	258	261	265	269	272	276	280
146.	224	231	239	242	246	250	254	257	261	265	269	272	276	280	284	287
148.	230	238	245	249	253	257	261	265	268	272	276	280	284	288	291	295
150.	236	244	252	256	260	264	268	272	276	280	283	287	291	295	299	303
152.	243	251	259	963	267	271	275	279	283	287	291	295	299	303	307	311
154.	249	257	266	270	274	278	282	286	291	295	299	303	307	311	316	320
156.	256	264	273	277	281	285	290	294	298	302	307	311	315	319	324	326
158.	262	271	280	284	288	293	297	302	306	310	315	319	323	328	332	337
160.	269	278	287	291	296	300	305	309	314	318	323	327	332	336	341	345
162.	276	285	294	299	303	308	312	317	322	326	331	335	340	345	349	354
164.	282	292	301	306	311	315	320	325	330	334	339	344	348	353	358	362
166.	289	299	309	314	318	323	328	332	338	342	347	352	357	362	366	371
168.	296	306	316	321	326	331	336	341	246	351	356	361	366	370	375	380
170.	304	314	324	329	334	339	344	349	354	359	364	369	374	379	385	390
172.	311	321	331	337	342	347	352	357	362	368	373	378	383	388	393	399
174.	318	329	339	344	350	355	350	366	371	376	382	387	392	397	403	408

POIDS BRUT DES BÊTES A CORNES EN KILOGRAMMES.

CIRCONFÉRENCE prise derrière les JAMBES DE DEVANT.	LONGUEUR EN CENTIMÈTRES depuis la partie antérieure de l'épaule jusque derrière la cuisse.														
	140	142	144	146	148	150	152	154	156	158	160	162	164	166	168	170
176	380	385	390	396	401	407	412	418	423	428	434	439	445	450	455	461
178	388	394	399	405	411	416	422	427	432	438	444	449	455	460	466	471
180	397	403	408	414	420	425	431	437	442	446	454	459	465	471	477	482
182	406	412	417	423	429	435	441	446	452	458	464	470	475	481	487	493
184	415	421	427	433	438	444	450	456	462	468	474	480	486	492	498	504
186	424	430	436	442	448	454	460	466	472	478	484	490	496	503	509	515
188	433	439	445	452	458	464	470	476	483	489	495	501	507	514	520	526
190	442	449	455	461	468	474	480	487	493	499	506	512	518	525	531	537
192	452	458	465	471	477	484	390	497	503	510	516	523	529	536	542	549
194	461	468	474	481	487	494	501	507	514	520	527	534	540	547	553	560
196	471	477	484	491	498	504	511	518	524	531	538	545	551	558	565	572
198	480	487	494	501	508	515	521	528	535	542	549	556	563	570	576	583
200	490	497	504	511	518	525	532	539	546	553	560	567	573	581	588	595
202	500	507	514	521	529	536	543	550	557	564	571	579	586	593	600	607
204	510	517	524	532	539	546	554	561	568	575	583	590	597	605	612	619
206	520	527	535	542	550	557	545	572	579	587	594	602	609	616	624	631
208	530	538	545	553	560	568	575	583	591	598	606	613	621	628	636	644
210	540	548	556	563	571	579	587	594	602	610	618	625	633	640	648	656

POIDS BRUT DES BÊTES A CORNES EN KILOGRAMMES.

CIRCONFÉRENCE prise derrière les JAMBES DE DEVANT.	LONGUEUR EN CENTIMÈTRES depuis la partie antérieure de l'épaule jusque derrière la cuisse.																	
	152	154	156	158	160	162	164	166	168	170	172	174	176	178	180	184	188	192
212.	598	606	614	622	629	637	645	653	661	669	677	685	692	700	708	724	740	769
214.	609	617	625	633	641	649	657	665	673	681	689	698	705	713	721	737	754	775
216.	621	629	637	645	653	662	670	678	686	694	702	711	719	727	735	751	768	784
218.	632	641	649	657	666	674	682	691	699	707	715	724	732	740	749	765	782	799
220.	644	652	661	669	678	686	695	703	712	720	729	737	746	754	763	780	797	813
222.	656	664	673	681	690	699	707	716	725	733	742	751	759	768	776	794	811	828
224.	668	676	685	694	703	712	720	729	738	747	755	764	773	782	790	808	826	843
226.	680	688	697	706	715	724	733	742	751	760	769	778	787	796	805	822	840	858
228.	692	701	710	719	728	737	746	755	764	773	783	792	801	810	819	837	855	874
230.	704	713	722	732	741	750	759	768	778	787	796	806	815	824	833	852	870	889
232.	716	725	735	744	754	763	773	782	794	801	811	821	830	839	849	868	887	905
234.	728	748	748	757	767	776	786	796	805	815	824	834	843	853	863	882	904	920
236.	741	751	760	770	780	790	800	809	819	829	839	848	858	868	878	897	916	936
238.	754	763	773	783	793	803	813	823	833	843	853	863	873	883	893	912	932	952
240.	766	776	786	797	807	817	827	837	847	857	867	877	887	897	907	928	948	968

Voici comment on opère à l'aide de ces tableaux :

On porte la circonférence au chiffre le plus près de celui qui est indiqué à la colonne de la circonférence. — On suit avec le doigt la colonne de la longueur, et le chiffre à l'angle droit correspondant est celui du poids brut en kilogrammes.

Mais pour cette méthode comme pour celle de M. Mathieu de Dombasle, il faut pouvoir arriver au résultat, même en l'absence de tableaux qui peuvent s'oublier au logis ou se perdre en route.

Voici le moyen :

Après avoir trouvé et inscrit la circonférence et la longueur du bœuf dont on veut savoir le poids, on opère ainsi : on multiplie la circonférence par elle-même : on multiplie le produit obtenu par la longueur, et ce dernier produit par le chiffre de convention 0,876, chiffre qu'il faut loger en un coin sûr de sa mémoire, pour pouvoir le retrouver au besoin, tout comme ceux de la méthode pour la viande nette.

Exemple pour le cas dont il s'agit :

Circonférence derrière les jambes de devant, 2,04. Multipliant ce chiffre par lui-même, nous aurons 408 en négligeant 2 chiffres. Longueur dite 1,70, nous aurons par la multiplication 693, toujours en ne conservant que les 3 premiers chiffres — Enfin en multipliant le chiffre 693 par le chiffre de convention 0,876, nous trouverons au résultat 607 kilogrammes pour le bœuf qui aura donné 2,04 en circonférence et 1,70 en longueur.

Pour réduire en viande nette le poids vivant, il faut pouvoir par le tact reconnaître approximativement le rendement du bœuf et savoir pour les apprécier ses diverses qualités de graisse, ce qui n'est pas aussi facile ni aussi commun qu'on serait tenté de le croire.—Pour atteindre ce but, il faut au moins connaître deux maniements :

Premièrement, cette veine de graisse qu'il a derrière l'épaule et qu'on nomme *roue* ou *broue* dans certaines localités;

Deuxièmement, cette partie charnue du bas ventre qui est devant la cuisse, qui se nomme *hampe* et qui est aussi de la graisse.

Avec un peu d'usage, suivant l'état et la grosseur de ces deux parties graisseuses, on peut présumer assez au juste le rendement en viande nette, tant p. 100.

Ce rendement en tant p. 100 trouvé ou convenu, on le multiplie avec le poids qu'on a trouvé vivant.

Exemple : vivant 607 kilogrammes, et pour le rendement 53 p. 100. Nous aurons par la multiplication 321 kilogrammes viande nette.

C'est ici le cas d'appliquer la méthode de M. Mathieu de Dombasle pour la viande nette, et de voir comment les résultats s'approcheront.

Il n'y a pas de chiffre absolu pour arriver du poids vivant à la viande nette : le chiffre du rendement est toujours selon l'état d'embonpoint de l'animal, selon sa race; il est aussi varié que les individus.

Il faut de toute nécessité pour pouvoir trouver le rendement, avoir la connaissance des maniements qui indiquent la qualité du bœuf. Quelques leçons pratiques d'un boucher expert vaudront mieux que tout ce que

4*

nous pourrions écrire sur ce sujet. Nous dirons seulement que, suivant les localités, les maniements sont au nombre de 12 à 15 et portent des noms différents.

Nous avons pourtant la pensée d'avoir sur ce sujet une entrevue avec M. Montaubiou, et suivant ce qu'il nous dira, il est dans l'ordre des choses possibles que nous fassions sur cette matière un chapitre spécial.

CHAPITRE V.

SOMMAIRE. — *Conseils aux jeunes cultivateurs sur l'emploi des mesures à bœufs. — Bergerie de M. Montaubiou. — Ses béliers. — Ses crèches. — Repas des brebis. — Chenaux servant à donner le grain, le sel, la poussière de foin, etc. — Quantité de nourriture par tête. — Bergerie des agneaux. — Boisson. — Température de la bergerie.— Effet de la chaleur sur les animaux. — Age des brebis. — Laine. — Sa tonte. — Sa vente. — Galle et piétain des bêtes à laine, remèdes, etc., etc.*

Après avoir donné à nos lecteurs la description des divers modes de mesurage qui peuvent apprendre à connaître le poids approximatif des bœufs vivants ou leur poids brut, des bœufs morts ou leur viande nette, et aussi la mesure qui donne immédiatement leur valeur en argent, nous allons répéter une phrase de M. Montaubiou à notre adresse, et que nous pouvons renvoyer à l'adresse de bien d'autres de nos confrères.

Les ficelles, les mesures sont fort bien, nous a très-souvent dit M. Montaubiou; mais connaître à vue d'œil, après quelques maniements, est encore mieux, et j'engage tous les jeunes cultivateurs à ne se servir de tous les moyens que je viens d'indiquer que pour arriver le plus promptement possible à la connaissance de la valeur de l'animal, seulement après inspection; un peu d'usage avec beaucoup d'attention suffisent : il faut surtout se familiariser avec les divers contours de poitrine et en saisir rapidement la différence avec les yeux, ensuite faire ses calculs de tête dès que l'on croit avoir trouvé le poids.

Cette observation faite, et qu'à notre tour nous prenons la liberté de recommander tout particulièrement, nous allons passer avec M. Montaubiou dans sa bergerie.

C'est un grand carré long ayant en profondeur 12 mètres, 10 mètres en largeur et 3 en hauteur; avec deux fenêtres au midi, ayant chacune en hauteur 0,92 centimètres et en largeur 0,76 cent.; une fenêtre au nord, d'une hauteur de 0,80 centimètres sur une largeur de 0,70; une seule porte, ayant en largeur 2 mètres, s'ouvrant en dehors comme celle de l'étable aux bêtes à cornes, ce que M. Montaubiou me fit remarquer avec une certaine insistance, et portant dans sa hauteur deux ouvertures semblables à celles que nous avons déjà décrites en parlant des portes de l'étable à bœufs.

Cent bêtes fines et quatre béliers fins sans cornes composent son troupeau, comme nous l'avons déjà dit.

Pour avoir des béliers suivant ses idées et sa convenance, M. Montaubiou achète à l'automne des pâtres de Provence, qui dans cette saison amènent sur nos marchés un certain nombre d'agneaux, les plus âgés qu'il trouve, sans cornes, au lainage le plus fin, aux formes les plus parfaites, ordinairement une vingtaine, qu'il hiverne avec le plus grand soin, et parmi lesquels il choisit au printemps les quatre qui doivent faire sa monte. Les autres, qu'il revend, lui donnent, année commune et comme terme moyen, dix francs de bénéfices par tête : quant aux anciens, ceux qui ont fait la monte dans son troupeau, comme ils sont très-connus pour être parfaits de choix et qu'ils sont encore dans la vigueur de l'âge, les acheteurs se les disputent à de très-hauts prix.

Les murs de la bergerie m'ont paru blanchis à la chaux et assez unis : il n'y a rien d'attaché contre eux, c'est-à-dire qu'on peut librement circuler dans tout leur pourtour. Les crèches dans lesquelles est déposée la nourriture ont en longueur 3 mètres, longueur ordinaire des planches dans la localité, sur une épaisseur de 3 centimètres, toutes égales entre elles de largeur et de longueur; le fond a 50 centimètres en largeur et les deux côtés 25 centimètres : les quatre montants ont chacun en hauteur 80 cent.; les deux barres transversales sont rondes, en bois de sapin; elles sont placées à 25 cent. de vide : c'est par ce vide que la brebis passe sa tête pour manger.

M. Montaubiou a depuis longtemps renoncé aux râteliers; selon lui, ce mode est rempli d'inconvénients : il est cause que les toisons sont pleines d'ordures, particulièrement vers le cou, à l'enlèvement desquelles il faut consacrer un long temps; les fagots de feuillage sont mal broutés, et il croit avoir remarqué que l'animal prend son repas plus irrégulièrement, par conséquent avec moins de profit. Les crèches dont il se sert aujourd'hui, et qui le satisfont, sont toutes libres, indépendantes les unes des autres, cependant jointes bout à bout, jusqu'au milieu de la bergerie où elles laissent un vide pour le passage des brebis, vide qui se trouve également aux deux bouts : elles forment cependant une ligne droite. La distance entre les lignes est établie de manière qu'entre les brebis placées, il y a un passage suffisant pour la circulation de celles qui veulent changer de place. Cette distance est d'environ trois mètres.

Les crèches de la longueur des miennes se transportent aisément, nous fit remarquer M. Montaubiou, tandis que les longues que l'on aime à employer dans la plupart de nos bergeries, et qui sont peut-être plus agréables à la vue, sont d'un transport difficile, et leur grand poids, pour le dire en un mot, est un inconvénient sans avantages. Les petites crèches au contraire, ou plutôt les crèches de trois mètres seulement, outre leur bon marché, sont faciles et commodes dans tous les cas et pour tous les besoins.

Notre hôte compte une de ses crèches pour douze brebis ; elles sont au large, il est vrai, disait-il, mais j'aime que mes bestiaux ne soient pas gênés pour prendre leur repas.

Lorsque la nourriture est repartie dans les crèches, on y met tout au long par-dessus une perche ou gaule traversée par de petits morceaux de bois, semblables à des échelons d'échelle, de 40 centimètres de long, et à une distance de 25 centimètres les uns des autres, et cela pour que la brebis n'écarte pas son fourrage. On a soin de

soulever ces barres une heure environ après que le repas a été donné, et une demi-heure ou trois quarts
d'heures après cette opération, on les enlève tout-à-fait.

M. Montaubiou fait faire à ses brebis trois repas par
jour : celui du matin et du soir est ordinairement composé de foin et de paille mélangés. Ce mélange n'est pas
toujours fait par parties égales, il est un peu différent
suivant la qualité du foin ou même suivant la qualité
de la paille. Lorsque le foin est de qualité ordinaire,
c'est par moitié que ce mélange a lieu ; mais s'il est tant
soit peu marécageux, c'est pour deux tiers ou même
trois quarts qu'on le fait entrer dans la mêlée...

Cette nourriture est apportée par le berger dans de
grands paniers de forme ovale, faits en bois flexible, et
pouvant contenir par chaque panier jusqu'à 40 livres de
nourriture.

Le repas de midi est composé la plupart du temps de
fagots de feuillage de frêne, orme, saule, peuplier, etc.;
ou encore avec de la paille pure d'avoine, d'orge,
de lentilles, d'ers, ou d'un certain mélange appelé
meicle dans le pays, composé de paille de gesse,
vesces, seigle, orge, avoine, etc., que M. Montaubiou sème en assez grande quantité à chaque printemps et qu'il
destine spécialement à ses bêtes à laine. Mais toujours
à ce repas les brebis trouvent à leur sortie (à tous
leurs repas les brebis sortent de la bergerie) les chenaux qui servent au grain et au sel pleins d'excellente poussière de foin, dont M. Montaubiou prend
le plus grand soin au déchargement des voitures
dans les granges, lorsque la rentrée de cette récolte a

lieu. Nous devons dire aussi que, soit le soir, soit le matin, ces chenaux présentent aux brebis une certaine quantité de grains qu'elles mangent avec avidité. Ces grains, tels que orge, avoine, ers ou allier, vesces, sont aussi faits au printemps, et M. Montaubiou prend toujours le soin d'en faire en assez grande quantité, afin que les brebis n'en manquent jamais.

Cet habile cultivateur répète souvent que le grain qu'il donne à ses bêtes à laines se change presque tout en laine, poids pour poids.

Et cependant, il en donne très-peu à la fois, tantôt deux litres seulement, tantôt trois, tantôt quatre, pour tout le troupeau, deux fois par jour, et cela suivant le degré de bonté de la nourriture donnée, ou suivant l'état dans lequel il aura remarqué ses bêtes au repas précédent. Il croit cette quantité parfaitement suffisante.

Deux fois par semaine il étend sur le grain du matin le sel qu'il veut faire manger, une poignée grossièrement pilée par dix têtes, c'est-à-dire environ 6 grammes par bouche.

Ces chenaux sont placés dans la basse cour à hauteur de la brebis, de manière qu'elle puisse facilement y manger sans trop pouvoir passer par-dessus, à cause des ordures qu'elle ne manquerait pas d'y jeter avec ses pieds, s'il lui était facile d'en faire le saut : ces cheneaux ont huit mètres de longueur et sont au nombre de quatre seulement.

L'alimentation ordinaire est calculée sur environ trois livres par tête, foin et paille ; M. Montaubiou ne croit pas qu'on puisse rigoureusement dire : Cet animal pèse tant, donc il lui faut tant de nourriture ; c'est à la visite du soir qu'il s'assure par lui-même en voyant son troupeau, en voyant ce qui est resté dans les crèches, et voyant presque chaque animal, qu'il s'assure, dis-je, s'il ne lui manque rien ; du reste, il aime toujours à trouver quelques restes dans les crèches ; ce n'est, dit-il, que de la paille, et il en faut toujours pour la litière.

A côté de la bergerie et communiquant avec elle par une porte, il y a la petite bergerie des agneaux, dans laquelle ceux-ci se rendent pendant que leurs mères prennent leurs repas et pour manger eux-mêmes, soit du meilleur foin, soit du bon refoin bien séché au soleil, ou quelques bonnes liasses de frêne. — L'ouverture par où ils passent est spécialement faite pour eux, et aussitôt qu'elle leur est ouverte, ils s'y précipitent en foule, les plus âgés montrant l'exemple aux plus jeunes. Cette petite bergerie est garnie de crèches comme la grande, mais ces crèches, quoique aussi longues, sont plus étroites et plus basses ; il s'y trouve en outre plusieurs chenaux qui servent à donner soit le grain, soit le son, soit le sel : ce dernier, tous les deux jours, est pilé plus fin que pour les brebis.

L'eau qui sert à la boisson des brebis et des agneaux est portée dans les bergeries et changée à tous les repas intégralement. C'est toujours la plus limpide de la fontaine qui est prise, et si dans l'intervalle d'un repas à l'autre la provision vient à être épuisée, elle est immédiatement remplacée par de la nouvelle.

J'ai remarqué que la température de la bergerie de M. Montaubiou était plus élevée que celle de son étable à bêtes à cornes, qui déjà cependant m'avait paru assez grande ; et sur l'observation que j'en fis à lui-même, voici ce qu'il me répondit :

Dans ma longue carrière, j'ai toujours observé que mes animaux se portaient d'autant mieux pendant la saison d'hiver, qu'ils étaient tenus plus chaudement, sans excès cependant, et cela sans exception : la bête à laine surtout ne m'a jamais paru souffrir du trop, et au contraire toujours être mal dans un milieu plutôt froid que chaud. *Dans un milieu froid, il faut beaucoup plus de nourriture, et cette nourriture profite peu.*

M. Montaubiou n'a pas dans son troupeau des brebis âgées de plus de six ans ; il vend toutes les années à l'automne et il vend un bon prix, toutes celles qui passent cet âge, et il les remplace par quelques beaux sujets de deux à trois ans, qu'il rencontre aux marchés de son chef-lieu de canton, marchés qui, à cette époque de l'année, se tiennent tous les samedis : quelquefois, dit-il, ce sont des bêtes sorties de chez moi un an ou deux auparavant qui sont vendues par force majeure et que je suis heureux de ramener dans mon bercail.

M. Montaubiou vend toutes les années, au mois de mai, tout ce qui dépasse les 104 de son troupeau ; il ne garde aucun de ses produits au-delà de ce chiffre et de ce temps.

C'est vers la fin de février ou au commencement de mars que M. Montaubiou fait couper sa laine ; il fait faire cette opération avec le plus grand soin et par les meilleurs tondeurs qu'il connaît ; c'est avec des ciseaux qu'elle a lieu et non avec des forces ; les ciseaux rasent

mieux et plus également; les blessures que cet instru·
ment fait sont moins profondes, partant plus vite gué-
ries; et lorsque cet accident arrive, immédiatement la
plaie est recouverte avec de la poussière de charbon pilé très-fin.

La laine de M. Montaubion est très-recherchée; elle
est toujours vendue d'avance, et depuis longtemps c'est le
même acheteur du pays qui la prend. Elle dépasse toujours de quelque chose le prix le plus haut (il a vendu
l'an dernier en suint 130 fr. les 50 kilog.), et cela non
seulement à cause de la qualité, mais aussi à cause de la
propreté excessive dans laquelle il tient constamment son
troupeau.

Si dans le moment de la tonte le froid est rigoureux,
on ne fait pas sortir les bêtes de la bergerie pendant
qu'on leur sert leur repas, et on leur donne pendant
quelques jours comme on peut; cependant au moindre
soleil on les sort à midi. Huit jours après la tonte, on
procède comme à l'ordinaire, sauf quelques rares excep-
tions de trop mauvais temps.

M. Montaubiou se sert, comme dans toutes les bergeries de son pays, contre la gale des moutons, d'huile
empyreumatique dite de Cade, de sorte que sa bergerie
est parfumée de cette violente odeur, à laquelle il faut
être habitué pour ne pas en être incommodé tout d'a-
bord. Ses bergers et M. Montaubiou lui-même, ne paraissent pas s'en apercevoir le moins du monde. Cette
huile bien faite et sortie d'une bonne fabrique combat la
gale avec un grand succès : sitôt qu'on s'aperçoit qu'un
flocon de laine est dérangé chez un animal, ou sitôt qu'on

en remarque un cherchant à se frotter, on cherche la place, et aussitôt le bouton trouvé, on le mouille avec cette huile, à l'aide d'un petit tampon attaché au bout d'une baguette; une ou deux fois suffisent pour le faire disparaître, surtout s'il est pris dans son principe, et trois ou quatre sont assez lorsque le bouton a échappé à l'œil du berger depuis quelques jours.

Chez M. Montaubiou, le piétain n'a jamais fait beaucoup de mal, lors même que cette maladie des pieds a régné dans son pays avec la plus grande intensité : il emploie contre elle l'onguent ægyptiac qu'il fabrique lui-même en doublant la quantité d'acétate de cuivre indiquée par la formule et en délayant la quantité qu'il veut employer, et avant de l'employer, avec du fort vinaigre qu'il fait chauffer à ce dessein.

CHAPITRE VI.

C'est de temps immémorial que les grains sont dépiqués dans le pays qu'habite M. Montaubiou , soit avec des chevaux, soit avec des bœufs. Je repousse pour mon compte toutes les machines à battre, quelles qu'elles soient, me dit ce cultivateur, lorsqu'elles n'ont pas pour moteur une force d'eau suffisante ; et comme à côté de mes bâtiments d'exploitation je n'ai pas cette force naturelle , je me passe de machine à battre, et voilà comment j'y supplée. — Ce disant, il me conduisit vers son aire qu'il appelait d'hiver, et me montrant un fort plancher de plateaux en bois de peuplier : C'est là ma machine à battre, dit-il, à l'aide de mes bœufs, auxquels j'adjoins quelquefois mes vaches, lorsque la mauvaise saison arrive et qu'on ne peut plus aller dehors, je dépique tous mes grains quels qu'ils soient. Si le jour où nous voulons faire ce travail, il n'y a pas de blé ébarbé, nous nous levons un peu plus matin et nous faisons avant le jour cette opération, qui consiste à prendre la gerbe par le talon et à la frapper avec vigueur sur un banc que nous appelons ébarboir et qui est fait de manière à ce que le grain coule sur le plancher au fur et à mesure que la gerbe est frappée; ces ébarboirs ont ordinairement 3 mètres en longueur sur 1 mètre en largeur; les plateaux qui les composent ont 5 à 6 centimètres d'épaisseur et sont fixés à chaque bout sur un assemblage en triangle de morceaux de bois dur, avec 4 forts clous par chaque plateau, deux à chaque côté: l'ébarboir ainsi assemblé a la pente du triangle, et par son moyen est tenu solidement rez du sol ou du plancher. Cet instrument fait par un homme de l'art, menuisier, charpentier ou charron, coûte 8 francs.

Je saisis cette occasion pour demander à M. Montaubiou son opinion sur les instruments nouveaux; voici ce qu'il me répondit :

Un cultivateur prudent doit être d'une méfiance excessive à l'endroit des instruments nouveaux. Je soutiens que, dans notre métier, moins l'on en a, mieux cela vaut dans notre pays; une bonne charrue, une bonne herse (je vous ferai voir ce que j'emploie en ce genre), quelques chars à planchers bien serrés, quelques tombereaux bien joints; voilà l'essentiel; tout le reste me paraît du luxe, et je n'ai jamais ouï dire que le luxe ait enrichi celui qui en faisait usage. Ne perdez pas de vue, mon cher confrère, que nous, cultivateurs, nous ne sommes pas comme les industriels : l'inventeur industriel est presque toujours industriel lui-même. En agriculture, ce n'est pas la même chose; tout le monde au besoin peut se dire cultivateur, agronome, agriculteur, et pour le prouver inventer un instrument quelconque, et, ce qu'il y a de plus fort, rencontrer des agriculteurs véritables qui le prôneront. C'est inconcevable, cependant cela se voit tous les jours, sauf à voir les apôtres de l'invention en dire autant de mal quelque temps après, qu'ils en avaient dit de bien quelque temps auparavant.

Il y a d'ailleurs pour moi, dans cette question d'instruments nouveaux, une raison qui l'emporte sur toutes les autres: c'est qu'il n'y a pas un travail rural que je ne puisse parfaitement faire avec nos vieux instruments éprouvés, tout aussi bien et mieux qu'avec ceux qui se disent perfectionnés, et j'ajoute avec plus d'économie; ce qui n'est certes pas à dédaigner dans un métier sur lequel tout le monde tombe pour prendre, depuis ceux qui sont le plus haut montés sur l'échelle sociale jusqu'à ceux qui n'ont pour tout bien qu'une besace et un bâton.

Je ne voudrais cependant pas vous laisser croire, mon cher visiteur, que je suis un trop vieil encroûté et que je repousse par système toute innovation; non, au contraire, car pour mes chars, par exemple, qui ont quatre roues, j'ai demandé bien souvent et toujours vainement à des savants que je rencontrais par-ci par-là, s'ils ne pourraient point m'en ôter au moins deux, tout en me laissant les avantages qu'ont les quatre. Ils ne m'ont pas répondu.

Nous nous servons pour atteler nos herses et nos charrues d'une timone qui n'est pas attachée au joug à toujours, et qu'il faut ôter quand on veut atteler un char ou un tombereau. J'ai demandé mieux. Encore à ce sujet les savants sont restés coi.

Je leur ai demandé, en outre, un engin pour fixer la faux au faucher de manière à pouvoir lui donner l'herbure et l'ouverture nécessaires pour faucher à volonté ras terre ou un peu plus haut, en prenant beaucoup d'herbe ou en en prenant peu. — Ils ont à cet égard, comme sur les autres choses, gardé le silence le plus absolu.

Alors, voyant cela, j'ai renoncé à rien leur demander et voilà pourquoi je me sers et me servirai probablement longtemps encore de toutes les vieilleries que vous allez voir chez moi par-ci par-là ; mais auparavant revenons à nos moutons, c'est-à-dire à notre battage en grange par nos bestiaux, qui sont nos machines à battre.

Les gerbes ébarbées, et dont tous les épis ont reçu un violent ébranlement, sont ensuite écartées sur le plancher en lit assez épais de la manière suivante : on délie la gerbe, on en écarte le lien, puis on brise un peu cette gerbe, dans son milieu, en la pressant de haut en bas, avant de l'éparpiller sur l'aire : l'épaisseur du lit est plus ou moins grande suivant la qualité du blé ou suivant l'état de sécheresse de la paille, ou même encore suivant la température du moment : en tous les cas, il faut que les bœufs puissent facilement s'y promener dessus. Toute la paille étant bien égalisée sur l'aire, en forme un peu ovale, comme la place l'indique, on fait venir les bestiaux : on a soin de faire passer première la paire la mieux instruite, les autres suivent ; tous sont liés deux à deux avec un joug léger sans frontons. Un bon toucheur armé d'un long et bon aiguillon accompagne et fait marcher toutes les bêtes ; sa place est au centre de la foulure, et il a peu de pas à faire pour être à même de surveiller et de toucher tout son équipage ; un enfant éveillé et leste suit aussi des yeux tous les animaux, et, armé d'une corbeille, il ne laisse aucune ordure se mêler à la paille. Deux ou trois autres personnes sont nécessaires, hommes ou femmes, et aussitôt que la foulure est en train, c'est-à-dire aussitôt que les bestiaux ont fait quelques tours sur la paille, les hommes ou femmes doivent en relever les bords, qui s'écartent toujours un peu ; ils doivent veiller encore à ce que la foulure soit partout égale en épaisseur de paille ; et s'ils découvrent une place par où passent les bœufs plus mince qu'une autre, il faut qu'ils aillent prendre au plus épais ou bien au milieu, pour tenir toujours la foulure entière également épaisse sur tous les points. Lorsque ce qu'on appelle le grand rond paraît un peu foulé, on jette par dessus toute la paille qui est au milieu, sur laquelle les bœufs ont très-peu passé : dans cet état alors la foulure forme une grande figure ovale, comme un O, avec son milieu vide. Tout ce que je viens de dire a exigé une durée de travail des bêtes et des gens d'environ une heure, si tout est propice, et de deux heures, si le temps est contraire ou les gerbes peu sèches.

Enfin, dès que le directeur de la foulure s'aperçoit que la paille soumise au piétinement des bœufs est assez foulée et qu'elle peut être retournée, il place son monde deux à deux en face l'un de l'autre, l'un en dedans, l'autre en dehors, et chacun alors, armé de sa fourche de bois à trois longues dents, prend, secoue, remue la paille et en forme un lit nouveau, ayant soin de mettre au fond la plus foulée : ce travail est le plus pénible, et c'est celui qui mérite, dans tout le cours de l'opération, d'être fait avec le plus de soin et d'attention ; il se renouvelle trois ou quatre fois par chaque foulure, et à chaque fois la paille doit être vivement retournée, bien éparpillée, et replacée en planches unies pour que les pieds des bœufs la pressent également partout.

Quelquefois, pendant cette opération du retournage de la foulure, on fait reposer les bêtes, et dans ce cas on les ôte de dessus l'aire, avec l'attention rigoureuse de ne pas les placer dans un courant d'air froid.

Quand on n'a pas l'habitude de ce travail et qu'on voit le peu qui paraît fait dans la première heure, on est tenté de croire qu'on n'en finira jamais ; mais les heures suivantes changent bien vite l'opinion du spectateur novice, car l'opération marche d'autant plus vite qu'elle approche le plus de sa fin. Chaque foulure occupe ordinairement les bestiaux pendant quatre à cinq heures de travail, sous la condition qu'il y aura un nombre suffisant de bêtes pour fouler et assez d'ouvriers pour retourner vivement.

L'opération qui suit la retraite des bœufs est une des plus importantes : c'est la foulure qu'il faut secouer en entier, et il faut faire ce travail de manière qu'il ne reste pas de grains mélangés à la paille, parce que ces grains portés en grange y attirent les rats, et que les rats dans les granges sont des hôtes fort incommodes.

Lorsque les ouvriers ont fini de bien secouer cette paille, ils la transportent à la place qu'elle doit occuper, soit avec des draps grossiers faits exprès pour cet usage, soit avec des fourches, soit encore avec de longs piquets pointus d'un côté et qui ont de l'autre une cheville de 25 à 30 centimètres de longueur qui les traverse et qui sert d'arrêt, vers leur base.

La paille étant toute transportée, on passe sur le grain un râteau à dents espacées qui en tire les brindilles que la fourche n'a pu prendre, et enfin on le ramasse et on le met en tas avec des instruments *ad hoc*. Ce sont de larges pièces de bois ou des morceaux de planche de 60 centimètres de longueur, auxquels on a adapté un manche. Le ventoir vient ensuite faire son office : celui de M. Montaubiou est des plus simples; il lui coûte 60 francs et nettoye très-bien : deux coups de ventoir suffisent assez ordinairement pour rendre le blé propre à être vendu.

Lorsque quatre hommes, une femme, un enfant et six bêtes ébarbent, dépiquent, vannent, et mettent en sacs de 12 à 15 hectolitres par jour, et qu'avec cela ils vont aux gerbes, la journée a été bonne.

M. Montaubiou prend un soin tout particulier de ses semences; elles sont toujours prises au tas d'ébarbure ,

et il a encore l'attention de les faire griveler par les personnes de sa maison qui savent le mieux faire cette opération. Deux cribles à trous de grandeurs différentes
sont nécessaires pour bien faire ce travail. Le premier
dont on se sert a les trous les plus grands ; il ne garde
que les grains en balle, les pierrailles et tout ce qui a un
certain volume. Le second a les trous plus petits et il
retient le bon blé, laissant échapper tous les petits
grains et toutes les petites graines. Les mouvements à
l'aide desquels on obtient ces divers résultats sont assez
difficiles à bien saisir : en tous cas je ne crois pas qu'il
soit possible de les enseigner par la description : c'est
par la pratique et de concert avec une bonne griveleuse,
qu'on peut les apprendre.

Jamais M. Montaubiou ne sème un grain de blé sans
l'avoir préalablement lavé au vitriol bleu de Chypre
(sulfate de cuivre), et voici comment il fait ce lavage.

Nous pensons qu'il n'est pas hors de propos de dire
que M. Montaubiou n'est arrivé au procédé que nous
allons décrire d'après lui, qu'après avoir passé par une
foule d'autres qui lui donnaient d'excellents résultats
sans aucun doute, mais qui lui offraient aussi plus de
difficultés, soit pendant la préparation, soit durant l'ensemencement.

Lavage des semences au vitriol bleu de Chypre (sulfate de cuivre, 1 fr. le kilog.) par M. Montaubiou.

C'est dans un grand cuvier à lessive que M. Montaubiou fait ce lavage.

Pour cet usage il a en réserve :

2 balais en amélanchier de 25 cent. pièce ;

2 pelles en bois de 75 cent. l'une ;

1 baquet en bois à long manche de 50 cent. ;

1 benne en bois de 2 fr. 50 cent. ;

1 seau aussi en bois de 80 cent. ;

1 petit sac en toile claire de 15 cent.;

C'est sur la quantité de 3 hectolitres qu'on opère le plus souvent avec 300 grammes de vitriol : la dose ordinaire est de 100 grammes de vitriol pour 1 hectolitre de blé et 10 litres d'eau par chaque hectolitre de grain.

Après avoir mis dans le petit sac de toile claire les 300 grammes de vitriol, M. Montaubiou place le sachet dans le fond de la benne et verse immédiatement sur ce sachet quelques litres d'eau bouillante qui amènent promptement le vitriol à l'état de dissolution. Ce résultat obtenu et vérifié, on proportionne la dose de liquide à la quantité de blé, c'est-à-dire qu'on ajoute pour 3 hectolitres 25 à 26 litres d'eau à la température ordinaire. Deux hommes alors portent le vase qui contient ce liquide tout auprès du cuvier qui renferme la semence, et chacun s'arme d'une pelle de bois ; un troisième, après avoir vivement agité tout le liquide contenu dans la benne, verse avec le baquet muni d'un long manche, l'eau saturée de vitriol peu à peu sur les bords du tas de blé, que les pelles enlèvent au fur et à mesure, pour le changer de place. Si l'eau dans cette première mutation n'est pas toute versée, on ajoute le restant à un second changement : on doit du reste toujours changer de place la semence que l'on prépare, plusieurs fois de suite, cinq fois au moins, et à chaque changement ramasser tous les grains épars à l'aide des balais et les

rejoindre au tas, qu'on doit toujours relever le plus possible : on couvre ensuite le cuvier tout entier avec une
toile quelconque, et on met ainsi le blé lavé à l'abri de
tous les animaux domestiques.

Nous ne pensons pas qu'il soit besoin de dire que le
vitriol bleu de Chypre (sulfate de cuivre) est un poison,
et qu'il est nécessaire d'user à son égard des mêmes précautions qu'on use à l'égard d'autres poisons.

Peu d'heures après le lavage que nous venons d'indiquer, on peut semer le blé lavé ; et cela arrive fréquemment dans le moment des grandes semailles, car ce qui
est fait le soir après le repas ne suffit pas toujours aux
exigences des travaux du lendemain. Quand on prévoit
ce cas, on relève dans des sacs le blé lavé la veille qui
doit servir dans la matinée, et on opère de nouveau sur
la quantité d'hectolitres dont on prévoit avoir besoin,
en suivant les proportions indiquées ci-dessus :

Pour 1 hectolitre de blé,

100 grammes de vitriol,

10 litres d'eau.

Si l'on descendait au-dessous de cette quantité de blé,
il faudrait un peu augmenter la quantité d'eau et de
vitriol.

Lorsque le temps contrarie la mise en terre et qu'on a
passé au vitriol la veille et laissé pendant la nuit en tas,
il faut avoir soin dans la matinée d'écarter le grain dans
tout le vide du cuvier et même de le remuer à la pelle
une fois au moins par jour.

Cette quantité indiquée de vitriol n'est pas d'une ri-
gueur absolue, car dans le commencement de ses se-

mailles, M. Montaubiou la diminue volontiers, et l'augmente un peu vers la fin : il dit s'en trouver bien.

M. Montaubiou, sur le conseil d'un chimiste de sa connaissance, n'emploie que des instruments de bois dans tout le cours de cette opération.

Du blé bien nettoyé de ses balles ou chapeaux, et lavé ainsi que nous venons de le dire, donne toujours un produit exempt de carie ; à tel point que M. Montaubiou promet, sans grand danger pour sa cave, une bouteille de vin par chaque épi carié que ses moissonneurs lui apportent. Ces épis cariés sont payés chaque jour et donnés en extra à tous les ouvriers réunis, à la fin d'un de leurs repas.

Semailles.

L'époque de cette importante opération est loin d'être fixe chez M. Montaubiou ; tantôt elle commence au 20 du mois d'août, tantôt seulement au 15 septembre ; c'est le temps qui par son opportunité l'œuvre tôt ou tard. Dans tous les cas, M. Montaubiou a grand soin de se tenir toujours prêt pour la première de ces époques ; il assure lui-même que le temps des semailles lui apporte le travail le plus rude, le plus rempli de soins et de peines, et qui exerce le plus son activité et son attention ; c'est dans ce temps-là que ses horloges lui sont le plus utiles, pour qu'aucun moment ne soit perdu ni chez les bêtes ni chez les gens. C'est lui-même qui sème tous ses grains et toutes ses graines ; cependant il a un ancien domestique qui le remplace lorsque quelque chose d'urgent l'appelle ailleurs. Leur semoir est le premier sac venu de la ferme; il est vrai qu'ils sont tous égaux : même étoffe, même longueur, même largeur : 1 m. 10 cent. de longueur, 0,60 cent. de largeur, en forts cordats. Ce sac est noué pour devenir semoir, par sa corde, à un des côtés du fond, dans lequel on a retenu une poignée de grain, et ainsi assujetti, il est jeté sur l'épaule gauche avec deux doubles décalitres (40 litres) de semence, pas souvent plus, très-souvent moins. Ces sacs sont du prix de 2 fr.

Lorsque les sillons sont d'une longueur à absorber plus que la quantité de semence mise dans le semoir, on porte au milieu de la pièce à ensemencer un sac qui contient de la semence, et le semeur vient s'y approvisionner suivant son besoin. Les sillons, c'est-à-dire l'espace parcouru par le semeur, sont de 7 pas de large, environ 6 mètres, bien marqués, soit avec de la paille, soit avec des branchages d'arbres ou de haie vive.

Les semis de M. Montaubiou sont tous égaux, c'est-à-dire qu'ils couvrent le champ d'une façon partout égale : on les dirait jetés, ou plutôt plantés grain à grain, sans places plus épaisses les unes que les autres, et nulle part chez lui, ce qui est remarquable, on ne saurait découvrir la trace des sillons. Les prairies artificielles surtout, trèfle, sainfoin, lupuline, sont parfaites de régularité ; on les prendrait pour de vieilles et incessantes prairies naturelles.

Sur la demande que je lui fis s'il pourrait me dire pourquoi on remarquait tant de blés et tant de prés mal semés, il me répondit : Pour bien semer le froment et même les autres grains d'automne, il faut semer vivement, presque comme si l'on était en colère ou comme si l'on avait la fièvre ; jeter la poignée haute, avec force, et toujours l'avant-bras horizontalement à l'épaule ; les grains doivent sortir de la main ensemble, et la main s'ouvrir en même temps que le pied droit touche la terre ; une poignée légèrement à droite, une autre légèrement à gauche : la poignée de droite doit être lancée vis-à-vis la marque qui est de ce côté, en la visant de manière à ce que cette marque, quel que soit son éloignement, partage en deux, et bien au milieu, le demi-cercle que cette poignée forme en l'air, ainsi de celle de gauche. Mais tout cela demande une certaine énergie pendant tout le temps des semailles : or il y a peu de semeurs qui conservent cette énergie toujours égale, et c'est pourquoi je vous ai dit que ce travail était celui qui chez moi me donnait le plus de tribulations.

Quant aux graines fines pour les prairies de printemps, luzerne, trèfle, lupuline, je fais deux parts de la quantité de semences que je veux mettre par hectare ; j'en sème une dans un sens avec les mêmes soins que si je ne voulais point mettre davantage de semences, et je sème l'autre part dans l'autre sens ; c'est-à-dire que je croise mon champ autant que possible à angles droits ; mais il me faudrait un trop long temps pour vous donner des explications satisfaisantes sur toutes ces matières, et surtout sur mes semis de printemps. Revenez à cette époque, mon cher confrère, et nous tâcherons d'avoir encore à ce temps-là à vous narrer et à vous faire voir quelques-uns des travaux de notre métier que nous croyons avoir tant soit peu perfectionnés, c'est-à-dire simplifiés.

CHAPITRE VII.

Après l'invitation polie de finir au plus tôt ma visite qu'on vient de lire à la fin du chapitre précédent, et que je compris parfaitement, j'annonçai à M. Montaubiou que j'allais prendre congé de lui, mais qu'auparavant je le priais de me montrer encore sa boulangerie dont j'avais entendu parler, ce qu'il fit avec empressement.

C'est une petite pièce voûtée tout à côté de la cuisine, sur la gauche en entrant; cette pièce a en longueur 6 mètres, en largeur 4 et en hauteur au milieu de la voûte 3 mètres; tout au long sur la droite en entrant, on remarque une assez grande quantité de sacs pleins de farine, de laquelle on n'a ôté que le gros son, reposant sur un plateau et appuyés sur des traverses en bois de pin qui laissent un vide entre les sacs et la muraille.

La pétrière a en longueur deux mètres cinquante centimètres, en largeur à l'orifice soixante centimètres et au fond trente seulement, en hauteur quarante : elle a un couvert qui joint assez bien. Chez M. Montaubiou, on laisse lever la pâte dans la pétrière et on pétrit environ la moitié de la fournée la veille du jour où l'on veut cuire le pain ; on ne fait les tourtes qu'au moment où on met le feu au four. Régulièrement et au même jour de la semaine, toutes les quinzaines, on fait une cuite et on ne touche aux pains que trois jours après. Les pains cuits sont placés dans la cuisine en vue de tout le monde, sur un râtelier à cet usage. Après cette inspection, j'adressai mes salutations et mes adieux à M. Montaubiou ; il voulut m'accompagner et il le fit assez au loin dans la campagne, pour me faire voir ses prairies artificielles, ce qu'il m'avait promis, disait-il ; en effet, on ne pouvait observer sans étonnement la force de végétation de ses trèfles et de ses sainfoins de l'année ; c'était un tapis abondant, serré, partout égal, d'un vert foncé, plein d'espérance, et malgré toutes ces beautés, M. Montaubiou me dit qu'il allait les plâtrer avant les froids, le plâtrage d'automne, selon lui, valant mieux que celui du printemps ; car, dans nos montagnes, ajouta-t-il, il réussit toujours, tandis que celui du printemps, à cause des sécheresses, manque quelquefois d'atteindre son but.

En passant tout auprès d'une pièce de blé d'environ deux hectares dans laquelle la récolte s'annonçait très-bien en herbe, mon attention fut attirée par quelques débris de pommes de terre qui paraissaient avoir été abandonnées là, parce qu'elles avaient été fortement endommagées par la maladie régnante; je les fis remarquer à M. Montaubiou en lui demandant son opinion sur ce fléau.

Le mot est trop fort, me répondit-il, et malgré ces quelques tubercules gâtés que vous venez d'apercevoir, je n'ai jamais été, pour mon compte, grandement inquiet de cette maladie. Il est vrai, et je dois vous le dire tout d'abord, il y a fort longtemps que je ne fais plus que de la qualité de petites jaunes qu'on appelle précoces, non pas à cause de la maladie, car celle-ci n'est venue que longtemps après ma détermination qui avait eu pour principal motif la difficulté qu'il y a dans nos pays à faire suivre les pommes de terre ordinaires par une céréale d'automne, ce à quoi je tiens beaucoup : avec les précoces que je fais depuis longtemps d'aussi bonne heure que je le puis, j'arrache tôt, et vous voyez le blé que je fais à leur place.

Quant à la maladie sur laquelle vous m'interrogez, je crois qu'elle passera comme elle est venue, sans qu'on en connaisse jamais très-bien la cause. Pour moi, je vous l'ai dit : je ne m'en suis jamais beaucoup inquiété; je fais toujours mes pommes de terre comme j'ai l'habitude de les faire, en même quantité, aux mêmes temps, dans mes meilleurs terrains, tantôt sur un point, tantôt sur un autre; je les fume de la même manière, aussi abondamment que par le passé, avec le fumier de mon étable à bêtes à cornes, sans lavage, sans préparation d'aucune sorte : enfin, je fais aujourd'hui absolument comme j'ai toujours fait, sauf sur un point que je vous dirai tout à l'heure. Du reste et en quelques mots, je vais vous faire connaître ma méthode.

Le terrain de ma propriété, comme vous voyez, n'est pas des plus forts; je choisis les parties les plus légères et qui ne se tassent pas au passage des voitures d'une manière trop difficile au labourage : je fais transporter le fumier de mon étable directement sur la place où je veux planter, sans labour préalable : d'un tombereau de fumier on fait trois tas; ces tas se placent sur une ligne à dix pas de distance les uns des autres et à six pas de la raie où doivent se placer les morceaux de tubercule que je fais toujours couper assez gros. Aussitôt que quelques lignes de fumier sont formées dans le champ, je fais ouvrir le travail de plantation avec ma plus forte paire de bœufs, et à la deuxième raie, quelquefois à la troisième, on place la semence; c'est sur la bande de terre retournée, vers son milieu, en la partageant de haut en bas, qu'on a soin d'enfoncer un peu le morceau de pomme de terre. La distance ordinaire d'un morceau à l'autre est la longueur du soulier d'un homme ou des deux si c'est une femme ou un enfant. En même temps que ce travail se fait, des ouvriers armés de leurs tridents apportent le fumier dans la raie, sur la pomme de terre elle-même, et l'étendent tout au long dans cette raie : ce travail fait, les bœufs reprennent leur tâche; l'un deux passe par dessus le fumier qui est dans la raie; cependant le toucheur a la précaution de lui faire serrer un peu ses pieds contre le terrain à labourer, de peur de trop déranger les tubercules qui sont en place. A cette raie qui couvre la pomme de terre et le fumier, et que dans certains endroits il faut que les tridents arrangent quelquefois, on ajoute deux autres raies, et l'on recommence à nouveau dans cette troisième raie la mise en place des tubercules et du fumier, ainsi de suite.

Chaque raie de pommes de terre est à peu près à la distance de deux pieds de sa voisine et chaque plante à quinze pouces environ.

Je les herse quand elles sortent de terre, je les fais biner quand elles ont une tige assez grande et qu'elles ne tarderont pas à couvrir le sol de leur feuillage : j'ai abandonné le buttage depuis fort longtemps.

Le seul soin que je prends de plus actuellement, c'est de faire arracher les tiges ou la plante de celles qui paraissent atteintes de la maladie, ce qui, comme vous le savez, se reconnait facilement à leurs extrémités qui paraissent tâchées de rouille ou comme brûlées ; l'arrachage de la tige se fait en mettant les deux pieds sur la terre au-dessus des tubercules, tout auprès de la plante, qu'on saisit alors avec les deux mains et qu'on tire du sol tout doucement.

Une seule fois que cet arrachage de la tige avait été fait avec peu de soin, je n'ai eu que moitié récolte : deux ou trois fois j'ai eu deux tiers ou trois quarts ; mes autres récoltes ont été presque comme à l'ordinaire. Cette année-ci, je n'en ai pas eu de malades pour pouvoir le dire, et j'ai tout lieu de croire que les débris que vous venez d'apercevoir et que, du reste, javais aussi remarqués, ont été jetés à cet endroit par quelque cultivateur du voisinage.

A ce moment, nous fûmes rejoints par un vieux domestique qui dit quelques mots à M. Montaubiou, en suite desquels et après les compliments d'usage et mes remerciements, je lui fis mes adieux. Ce domestique, du nom de Vincent, reçut l'ordre de son maître de m'accompagner jusqu'au bout de sa propriété et de me faire voir une grande pièce de terre qu'il avait assainie depuis quelque temps par le moyen de fossés couverts, opération excellente, qui se fait dans le pays de temps immémorial et qui heureusement se répand beaucoup maintenant, quoiqu'on l'appelle drainage, d'un nom anglais. Je n'allai pas loin sans reconnaître dans ce vieux domestique un reflet des qualités du maître; ce qu'il disait était marqué au coin d'un grand sens, d'une grande raison et de la meilleure pratique agricole. Il me parla beaucoup des bons traitements de M. Montaubiou, vis-à-vis ses employés, des soins qu'il prenait de leur bien-être et surtout de l'exacte justice dont il usait à leur égard; quand le temps presse, me disait le vieux domestique, nous nous pressons aussi, sans nous le faire dire, et nous sommes toujours assurés de trouver en rentrant à la maison, ou du vin chaud et du pain blanc, ou bien un petit verre d'eau-de-vie ou toute autres chose dans ce genre : aussi il est regretté par tous ceux qui le quittent. Quant à moi, j'espère mourir à son service.

Je gardai ce brave domestique aussi longtemps que je le pus ; il voulut bien répondre à une foule de questions que je lui adressai sur M. Montaubiou, sur ses commencements de culture, enfin, sur sa vie entière qu'il paraissait connaître comme la sienne propre.

D'après les renseignements nombreux et authentiques

que j'ai puisés à cette source, d'après ceux que j'avais déjà recueillis d'autre part, d'après certaines aventures que tout le monde sait dans notre pays, j'ai cru pouvoir écrire la notice biographique suivante sur cet honorable cultivateur.

J'espère que cette petite biographie d'un homme honnête, laborieux, intelligent, qui s'est élevé lui-même, aura un certain degré d'utilité, et qu'elle pourra être de quelque enseignement auprès de ceux de mes confrères qui deviennent des martyrs du travail, parce que, la plupart du temps, ils ne savent pas le prendre et qu'ils oublient trop souvent que dans notre métier, il faut lutter perpétuellement, avec les éléments d'abord, et bien souvent ensuite avec les hommes.

En lisant cette petite notice sur les succès d'un cultivateur praticien, ils verront qu'on peut triompher, avec les seuls moyens que donne la nature, de bien grandes difficultés qui au premier abord paraissent insurmontables, et qu'on arrive à ce résultat par des efforts bien dirigés, par une grande persévérance, et surtout par une conduite exempte de reproches.

Certainement, comme me l'a parfaitement fait observer le vieux Vincent, M. Ambroise Montaubiou (qu'on a appelé longtemps le petit Ambroise et que dans son pays beaucoup appellent encore le père Ambroise), a eu bien des mécomptes dans sa vie; mais ces mécomptes n'ont jamais abattu son courage et ne l'ont pas empêché d'atteindre *un hiver qu'il aura su rendre par sa sagesse bien différent de son printemps*, paroles du vieux domestique Vincent.

CHAPITRE VIII.

Notice biographique sur M. Ambroise Montaubiou, propriétaire-cultivateur sur un des plateaux des montagnes du Trièves (Dauphiné), à 800 mètres d'élévation au-dessus du niveau de la mer.

LIVRE PREMIER.

SOMMAIRE. — *Naissance d'Ambroise Montaubiou. — Il est recueilli par un fermier du Trièves ; ses instructeurs. — Son goût pour les travaux agricoles. — Son mariage ; il prend une ferme à son compte, etc., etc.*

AMBROISE MONTAUBIOU, aujourd'hui propriétaire aisé, est né en 1793, au milieu des plus violentes commotions politiques et sociales dont l'histoire fasse mention ; sa mère mourut qu'il n'avait que onze ans, le laissant, quoi qu'elle eût fait, la pauvre femme, sans appui, sans ressources.

Le petit orphelin, sans nul doute, serait mort de misère, de froid ou de faim, s'il n'eût été recueilli par un brave fermier qui agit dans cette circonstance un peu

6

par humanité, peut-être aussi un peu par intérêt; si le dernier motif fut le plus puissant, il eut bientôt lieu d'être satisfait, car le petit Ambroise se mit de lui-même à la besogne, berçant les enfants, apportant du menu bois à la cuisine, gardant les poules, ramassant le fumier égaré çà et là, surtout ne laissant pas perdre un œuf; aussi la ménagère disait-elle à qui voulait l'entendre : *C'est un gros trésor que notre petit Ambroise.*

L'enfant en grandissant ne fit qu'augmenter sa bonne réputation toujours en la méritant de mieux en mieux : son instruction même n'était pas trop arriérée; il savait lire, écrire, calculer, assez de géographie et même un peu de latin; voici comment il s'était donné lui-même cette éducation libérale : le fermier chez qui il était recevait à coucher les pauvres mendiants; dans le nombre de ces malheureux sans asile, se trouvaient parfois de vieux maîtres d'écoles; et c'était par le moyen de ceux-ci que le petit Ambroise avait acquis ses diverses connaissances; et elles étaient de plusieurs sortes; les unes se rapportaient aux personnes et aux événements; ce qui faisait qu'il connaissait dans certains villages à quarante ou cinquante lieues à la ronde les personnages un peu célèbres et les événements qui avaient fait du bruit; toutes choses qui jetaient dans le plus grand étonnement ceux qui les apprenaient de sa bouche. Les autres se rapportaient, et c'était sur celles-ci qu'il questionnait le plus et qu'il retenait le mieux aussi, aux diverses manières de cultiver la terre, aux diverses espèces d'animaux et d'instruments les plus perfectionnés, et particulièrement aux divers produits du sol.

L'homme surtout qui lui avait donné et qui se plaisait à lui donner les connaissances les plus variées, était un pauvre ecclésiastique chez qui des malheurs inconnus avaient troublé la raison, mais d'une manière bienveillante pour tout le monde; on le nommait dans le village qu'habitait Ambroise et dans les villages voisins, *le curé déchaux* (déchaussé), parce qu'il allait toujours nu-pieds, l'hiver comme l'été, les jours de pluie comme les jours de beau temps, qu'il gelât à pierre fendre ou qu'il fît une chaleur étouffante. Chaque habitant des villages où il s'arrêtait se plaisait à le recevoir et s'en faisait honneur; ce jour-là était un jour de fête dans la maison. Le fermier chez qui demeurait Ambroise l'avait accueilli un des premiers, et c'était à son foyer domestique qu'il venait s'asseoir durant une portion des longues veillées d'hiver : le petit Ambroise devint bientôt son élève favori ; le grand désir qu'il avait d'apprendre, sa grande volonté lui faisaient faire sur toutes les choses qu'il étudiait des progrès considérables et rapides, dont cependant personne ne s'apercevait, pas même son professeur, parce que, chez lui, les idées n'étaient pas toujours très-bien coordonnées.

Ainsi se passait l'adolescence d'Ambroise sous le toit de ce bon fermier qui, tous les jours, de même que sa famille, s'attachait davantage au petit déshérité ; c'est qu'Ambroise avait compris de bonne heure que le travail seul pouvait lui faire une position, et il s'était mis à l'aimer de toutes les forces de son âme ; c'était plaisir à le voir aux champs développer sa vivacité, son adresse, sa force. Tous les travaux de la campagne, quels qu'ils

fussent, et le nombre en est grand, lui étaient familiers ;
il n'avait pas son pareil pour conduire un attelage ; les
chevaux, les bœufs obéissaient au moindre de ses signes;
ses labours étaient remarqués parce qu'ils étaient re-
marquables. La terre était prise partout également en
largeur, en profondeur, jamais retournée sens dessus
dessous ; chaque bande nouvelle se couchait successive-
ment sur celle qui était versée auparavant, cependant
toujours penchant un peu vers le sol ; les grains ou
graines semés par lui couvraient le champ d'une façon
partout égale, partout uniforme ; on les eût dit plutôt
déposés grain à grain que jetés à la volée. Etait-ce la
saison des foins? Il était toujours en tête de la bande des
faucheurs, la conduisant sagement, ne la forçant jamais,
mais ne la laissant jamais non plus trop en retard dans
sa marche : aidant celui-ci pour l'arrangement de son
instrument, donnant un conseil favorable à celui-là, et
comme tous voyaient qu'il était loin de s'épargner lui-
même, personne ne s'épargnait non plus. Mais ce en
quoi il excellait surtout, c'était à faire les charges de
foins ou de gerbes, les meules ou meulettes : c'était dans
ces derniers travaux que, sans se fatiguer outre mesure ;
il développait toute la vivacité dont il était capable ; ses
mouvements étaient si justes, si sûrs, si positifs, la gerbe
tendue étaient reçue avec tant de dextérité, la fourchée
de foin était si rapidement enroulée et tombait si bien à
sa place, que jamais il ne lui était nécessaire d'y toucher
deux fois ; aussi il lui fallait constamment deux bons
approcheurs, et encore il ne leur laissait pas les bras
croisés : avec cela il était toujours gai, toujours content;

de plus sa bonne humeur était communicative, de sorte que chacun l'aimait, et plus d'un cœur en secret, peut-être, avait déjà battu pour lui.

En historien fidèle, nous ne devons pas omettre qu'il savait même soigner les bestiaux malades, et que c'était lui qui, dans les étables de son maître, faisait la plupart des opérations que la vétérine dédaigne trop souvent mal à propos.

Il savait encore travailler le bois, se servait avec la plus grande habileté de tous les outils propres au char-ronnage, ajustait les manches de toutes sortes, et il en avait toujours en réserve une certaine quantité qui sé-chaient à l'ombre ; il ferrait lui-même les bœufs et pla-çait avec la plus grande dextérité les clous les plus dif-ficiles. Faut-il ajouter que pour enlever la peau d'un mouton ou le cuir d'un animal mort d'accident, ou faire les diverses préparations du porc, il rivalisait avec le boucher le plus expert.

C'était encore lui qui, dans les longues soirées d'hiver, savait le mieux faire les *paniers*, les *corbeilles* en osier, les *paillasses*, les *paillassons* en cordons de paille, ainsi que les ruches : ses chaises étaient aussi bien empaillées, ses tapis aussi bien tressés qu'à la ville voi-sine.

Cette foule de connaissances si variées et si utiles à la fois dans une exploitation rurale, faisaient au jeune Ambroise une des meilleures réputations de l'endroit ; tout le monde en parlait avec éloge ; le propriétaire de la ferme dans laquelle il travaillait le suivait avec inté-rêt depuis quelques années ; ses conseils même ne lui

avaient point manqué pour ce qui était de sa compé-
tence ; aussi à peine Ambroise eût-il atteint sa vingtième
année, que ce propriétaire intelligent lui proposa la fille
aînée du fermier en mariage, et une de ses propriétés
en fermage.

Ambroise accepta la fille et non la ferme ; il en voulut
une autre qui appartenait au même propriétaire, mais
moindre de valeur, plus isolée, à proximité d'une forêt,
et dans laquelle aucun fermier jusqu'alors n'avait réussi ;
elle lui fut accordée sans difficultés. Le loyer était en
rentes d'argent, bail de vingt années, avec une légère
augmentation de prix à toutes les périodes de cinq ans.
La somme attachée à la ferme pour les capitaux de bestiaux était insuffisante ; il en obtint facilement l'augmentation.

Ambroise a souvent répété qu'il savait bien qu'en
s'engageant ainsi il engageait son avenir tout entier ;
mais il avait si souvent en lui-même blâmé la manière
indécise dont les travaux se faisaient chez la plupart des
fermiers, et il avait été si souvent témoin de tant d'hésitations à conséquences si fâcheuses pour tous, qu'une
fois sa parole donnée il n'eut qu'un but, celui de réussir
et de réussir par l'ordre, le travail, l'intelligence, l'activité et la probité.

D'un autre côté, il savait aussi qu'en payant bien son
propriétaire aux échéances, suivant leurs accords, il se
faisait de sa ferme un lieu de domicile que sa volonté
seule lui ferait quitter.

CHAPITRE IX.

Suite de la biographie de M. Ambroise Montaubiou.

LIVRE DEUXIÈME.

SOMMAIRE. — *Soins qu'Ambroise prend des prairies. — Rigoles d'irrigation. — Taupinées.— Fourmillières.— Travaux qu'il fait dans ses prairies humides. — Fossés d'assainissement. —Note de l'auteur, etc., etc.*

Voici la manière dont le jeune Ambroise Montaubiou procéda pour son entrée en ferme : avant l'époque de sa prise de possession, on le vit nuit et jour s'occuper des prairies, tirer parti des moindres cours d'eau, faire des rigoles d'arrosement et de desséchement, réparer les clôtures endommagées pour celles qui avaient été closes, ou clore celles qui ne l'avaient jamais été, ce qu'il faisait en couchant les buissons, et non point en les piquant droits ; couper les broussailles qui empiétaient sur le sol et en arracher les racines ; il apportait du gazon pris sur les bords des chemins, qu'il mettait en place dans les endroits qui en manquaient ; il en agissait de même pour ceux qu'il extrayait de ses rigoles d'irrigation. La manière dont il traçait celles-ci était d'une simplicité extrême ; il avait un instrument en forme de croissant, emmanché d'un long manche qui lui servait également pour couper, tailler ou abattre les buissons ; avec cet instrument, il coupait le gazon des deux côtés sans cordeaux, sans piquets, à vue d'œil, suivant les sinuosités du terrain par rapport à la pente, de manière qu'il évitait toujours ce renflement qu'on est parfois obligé de faire quand on tient à avoir des lignes droites ; il faisait ce travail en se reculant et tirant l'outil à lui ; ensuite il enlevait le gazon dans toute la largeur, coupé à l'aide d'un instrument tranchant nommé dans le pays sappe ou éterpe, et semblable à la grande herminette de charron, sauf qu'à la place de la tête à marteler se trouve un taillant avec lame parallèle au manche, taillant qui lui servait à couper les racines qui avaient échappé à son égazonneur.

Les taupinières ou taupinées, qui couvraient les vieilles prairies de la ferme, et elles étaient assez nombreuses et anciennes, devinrent aussi l'objet de l'attention très-vive d'Ambroise : il en écartait la terre tout à l'entour avec un soin extrême et la répartissait partout également, sa vigilance se portait surtout à éviter de faire un creux à l'endroit où la taupe avait rejeté cette terre, tendance qu'ont toujours les ouvriers chargés de ce travail, s'ils ne sont pas exactement surveillés. Souvent même il avait soin d'apporter d'autre part et de rajuster à cet endroit un gazon frais, si la place de la taupinière en était dépourvue, ce qui ordinairement a lieu lorsqu'il y a longtemps que la taupe y a travaillé.

Son attention se portait encore sur ces légères élévations que les fourmis créent sur le gazon par leur rassemblement en tribut, élévations qui vont chaque année en s'augmentant après avoir commencé d'une manière imperceptible, et qui, en fin de compte, finissent par faire des obstacles tels que la faux est obligée de tourner à l'entour, à petits coups, pour en opérer le fauchage, si toutefois l'ouvrier s'en est aperçu à temps, car souvent cette élévation cachée par l'herbe échappe à ses yeux, et alors la faux se piquant avec force dans cette partie plus élevée qui forme empêchement, se plie ou se rompt, ou tout au moins se dérange.

Voici la manière dont Ambroise procédait pour l'enlèvement de ces petits monticules : Il se servait de la serpe ou herminette dont nous avons parlé tout à l'heure ; il faisait le tour de la fourmillière en plongeant son instrument à chaque coup jusqu'à la douille, et au niveau de la prairie, rez-terre ; il renversait ensuite la motte entière et enlevait du fond du trou le trop plein qu'il écartait sur le pré avec le même soin que pour la terre des taupinières en la rejetant au loin cependant : puis remettait cette motte en place, et pour la tasser la piétinait un peu ; il remplissait les vides ou interstices, s'il y en avait, avec un peu de terre étrangère qu'il avait soin d'aller chercher à cet effet et dont il écartait le surplus comme l'autre, si toutefois le tout n'y était point entré. A tout ce travail et sur les places fourmillonnées, il additionnait un arrosement suffisamment copieux

d'urine humaine ou bien d'une forte décoction de plantes amères, telles que feuille de noyer ou tiges et racines
d'ellébore.

Nous avons parlé des haies qui entouraient les prairies
et leur servaient de défense, ainsi que des clôtures que
notre jeune fermier avait soin de leur donner quand
elles en manquaient, ce qui n'est pas rare dans les exploitations que dirigent des fermiers négligents : tout le
long de ces haies et surtout dans la partie supérieure qui
s'appelle vulgairement tête du pré, Ambroise ne manquait pas de tracer un petit fossé de vingt à vingt-
cinq centimètres de profondeur sur trente à trente-
cinq de largeur, largeur obligée pour que la pelle à
terre y puisse manœuvrer facilement. Dans la cons-
truction de ce petit fossé qu'il serrait aussi près qu'il
le pouvait de la tige des buissons, et qui ordinairement se trouvait au milieu du feuillage et du dé-
tritus de bois vieux et mort, il ne laissait échapper ni
escargots, ni limaces ; car il savait trop bien le grand
dommage que ces petites bêtes causent à la prairie ou
aux jeunes pousses des buissons de haies vives. Il avait
soin, en outre, de mettre de côté avec une scrupuleuse
attention tous les morceaux de bois qui pouvaient lui
présenter pour l'avenir un certain degré d'utilité et qu'il
rencontrait dans son travail au milieu des haies, tels
que crochets, manches divers, dents de râteaux, bâtons
d'échelles, etc....

Pour cette première année, Ambroise aurait bien
voulu pouvoir jeter dans les endroits les plus maigres de
ses prés du fumier quelconque de sa ferme, mais il

n'en avait pas le pouvoir : voici comment il y suppléa. Outre la terre bien écartée de ses taupinières, de ses nombreuses rigoles d'arrosement et de son petit fossé conducteur, il avait remarqué certains dépôts naturels de boue mélangée de feuillages, qui, des chemins qui avoisinaient les bâtiments de la ferme, s'étendaient assez au loin dans la campagne ; cette boue ramassée par lui et mise en tas, rendit les chemins plus viables à la grande satisfaction du fermier sortant, et lorsque ces tas furent ressuyés, il les chargea et les conduisit dans les parties de ses prés qu'il jugea les plus propres à les recevoir, et dans lesquels il les éparpilla avec le même soin qu'il avait mis à le faire pour la terre des taupinières et des rigoles.

Nous venons de voir comment Ambroise, avant son entrée absolue dans la ferme, traitait ses prairies sèches ; il nous reste maintenant à dire quelques mots sur les travaux qu'il crut convenable de faire dans quelques parties de ses prairies humides et marécageuses, où le jonc et les autres plantes aquatiques tenaient la place des bonnes herbes ; il creusa dans la partie la plus décline du sol, un fossé assez large et assez profond, un mètre vingt centimètres de profondeur sur une largeur de quatre-vingt centimètres entre les bords supérieurs, largeur qui diminuait tant soit peu au fur et à mesure que le fossé se faisait profond. A ce fossé il en fit aboutir un certain nombre d'autres plus étroits et moins profonds, ayant pente suffisante, quatre-vingt-dix centimètres de profondeur et soixante de largeur à la première jauge, encore diminuant un peu en s'enfonçant dans le sol. Les pierres étaient en grande abondance dans cette propriété : il ne craignait pas d'en manquer pour ces sortes d'opérations, et en les enlevant des lieux qu'elles occupaient pour les porter dans ces fossés d'écoulement il faisait deux réparations à la fois. Au fond du plus large fossé il plaçait des blocs à peu près égaux, ayant en hauteur 20 à 25 centimètres, et cela dans toute la longueur du fossé ; ces blocs laissaient entre eux un vide de 20 à 30 centimètres, ouverture assez large pour donner passage à une grande quantité d'eau. Au-dessus de deux de ces blocs ou même de plusieurs, et s'appuyant avec une prise convenable sur chacun et les couvrant suffisamment, était placée une pierre plate d'une hauteur a peu près semblable, tantôt large, tantôt étroite, comme elle lui tombait sous la main ; les vides qui existaient de droite et de gauche, jusqu'à la hauteur de cette couverture, étaient comblés avec des cailloux assez gros placés un à un ; sur le tout ensuite, Ambroise avait soin de jeter environ vingt-cinq centimètres de plus petites pierres, qui à leur tour donnaient passage aux eaux et sur lesquelles encore il étendait un lit de paille ou de brindilles de bois d'une épaisseur d'environ cinq centimètres : après quoi il remettait la meilleure terre qu'il avait sortie du fossé dans une épaisseur de quarante centimètres et pour dernier terme de ce travail, il appareillait entre eux le mieux qu'il pouvait des mottes de gazon tout formé, de dix centimètres environ d'épaisseur, et en prévision du tassement, il avait soin de les faire bomber légèrement au milieu. Ce dernier travail seul indiquait, et encore pen-

dant quelque temps seulement, l'existence de ces conduits souterrains.

Ainsi, dans ce fossé de un mètre vingt centimètres de
profondeur, nous trouvons les deux pierres latérales,
ayant en hauteur.. . . . .   20 cent. environ.

La couverture également. . . .   20
Les pierrailles.   25
La paille ou les brindilles de bois.   05
La bonne terre.   40
Le gazon.   10
　　　　　　Ensemble. . . .   1,20

Ce travail si important que nous venons de décrire
pouvait être mieux fait, sans doute, par Ambroise que
par les autres habitants du pays, avec plus de soin peut-
être et même d'intelligence, mais il n'était point de son
invention; ces sortes de conduites d'eau étaient prati-
tiquées de temps immémorial, et bien que ce fût rarement que les cultivateurs se missent à en faire, cependant chacun savait la manière de s'y prendre, si ce
n'était par lui-même, au moins par tradition. Ambroise
a dit bien souvent aux personnes qui l'interrogeaient
sur ce travail, et ceci est bon à noter, que partout dans
les terrains de sa ferme, où il avait jugé ces canaux de
desséchement nécessaires, et où il les avait faits, il en
avait rencontré de vieux que le temps avait complète-
tement oblitérés; aussi disait-il qu'il était convaincu
que les propriétaires actuels se trouvaient dans l'obligation de faire de ces conduits souterrains presque dans
tous leurs champs, sous peine de voir dorénavant leurs
récoltes perdues ou fortement endommagées.

7

Au fossé général dont nous avons donné la description ainsi que les dimensions, aboutissaient plusieurs autres petits fossés dont la nécessité était expliquée par la configuration du terrain, quelquefois plus rapprochés entre eux de dix mètres, mais jamais à un plus grand éloignement ; les petits fossés sont, comme nous l'avons dit, de quatre-vingt-dix centimètres de profondeur et soixante de largeur avec une pente suffisante ; Ambroise les garnissait au fond simplement de pierres de toutes dimensions, jetées ou déchargées sans beaucoup de soin et formant une ligne continue dans toute la largeur et dans toute la longueur sur une hauteur de quarante à cinquante centimètres, paillés, et gazonnés comme le grand fossé que nous avons décrit tout à l'heure. Ces petits fossés sont connus dans le pays sous le nom de grenouillers, et le grand, sous celui de clapisse ; c'est-à-dire que tout canal recouvert fait avec deux côtés en pierres et une couverture s'appelle clapisse, et les autres faits seulement de pierres jetées pêle-mêle, portent le nom de grenouillers (1).

En outre de tous ces travaux dont nous avons essayé de donner une exacte description et aux places humides soulevées par le gel et le dégel, ou encore à celles que

---

(1) Je dois faire remarquer ici que le domestique Vincent, en me décrivant le travail d'assainissement qu'il était chargé par M. Montaubiou de me faire voir, me donna comme chiffre de profondeur adopté maintenant par son maître, un mètre vingt centimètres pour tous les fossés et quelquefois un mètre cinquante centimètres pour le principal, et toujours dix mètres pour la distance la plus grande des uns aux autres. (*Note de l'auteur*).

par dessous la neige, les rats et les taupes avaient tra-
vaillées en longs boyaux, serpentant en tous sens à fleur
de terre, il ajoutait le damage ou tapotage, se servant à
cet effet d'un instrument construit avec un morceau de
plateau en bois dur d'une épaisseur de dix centimètres
sur une largeur de trente-cinq et une longueur de cinquante, sur le milieu duquel était fortement cloué un
manche de deux mètres de longueur, légèrement cintré
à sa base.

Voilà une légère esquisse des travaux les plus impor-
tants qu'Ambroise s'était plu à faire dans ses prairies
naturelles sèches ou humides. Nous allons dire maintenant comment il s'y prit pour ses prairies artificielles,
tréfles, sainfoins, luzernes, lupulines, etc.

CHAPITRE X.

Suite de la biographie de M. Ambroise Montaubiou.

LIVRE TROISIÈME.

SOMMAIRE. — *Choix des semences pour les prairies artificielles. — Trèfles, lupuline, luzerne, petits et gros
sainfoins. — Quantité de ces graines par hectare. —
Extraction des pierres découvertes par la charrue. —
Ses labours. — Semis de trèfle sur la neige, etc., etc.*

Les renseignements qu'Ambroise s'était fait donner
par ses instructeurs divers, ses professeurs d'histoire con-
temporaine, ses maîtres d'agriculture, les pauvres mendiants enfin, devaient commencer à porter leurs fruits,
et, en effet, cela fut sensible dans le choix qu'il fit de ses
graines de prairies artificielles; il les fit venir de bien
des lieux différents, ou bien il les alla chercher lui-
même, avec la connaissance la plus exacte de la probité
des vendeurs.

Le canton qu'il habitait avait un quartier de fortes
terres bien exposées au midi, sans ombrages, où le trèfle
violet réussissait parfaitement; il tira sa graine de cette

localité et du propriétaire qui, faisant valoir par lui-même, la soignait le mieux, tant pour sa pureté que pour sa maturité et sa conservation ; il ne fut pas arrêté par les quelques centimes qu'il lui fallut donner de plus par livre.

Dans un autre petit village, toujours de son canton, situé un peu plus dans la montagne, on cultivait de temps immémorial, avec un entier succès, sous le nom de *petit trèfle*, la grande lupuline ; c'est de cet endroit qu'il tira la sienne, toute enveloppée de sa cosse noire et point chère ; c'est à la mesure qu'il acheta sa provision et non au poids, l'usage étant ainsi ; il eut encore soin de la prendre chez le cultivateur le plus soigneux de tous. Il y avait longtemps qu'il les connaissait par les renseignements qu'il avait recueillis de ses nombreux amis, les mendiants.

Il fit venir sa semence de luzerne du Languedoc, et le cultivateur qui la lui fournit de première qualité, ne fut pas peu étonné quand il en reçut la demande par lettre affranchie, accompagnée d'un mandat de poste pour solde de l'envoi. Ambroise n'ignorait pas qu'il est essentiel de savoir de qui on l'achète à cause du mélange du petit trèfle, que certains vendeurs ne manquent pas de lui faire subir.

Il voulut semer des deux qualités de sainfoin, du petit, qui dure en terre trois ans ordinairement, et quatre ans quand il est ménagé, et du gros qui persiste *dix*, *douze* et *quinze ans*, quand il rencontre un sol convenablement calcaire, profond et caillouteux.

C'est chez le maître qu'il avait servi jusqu'alors et son

beau-père maintenant, qu'il prit la première de ces graines, d'une pièce qui n'était qu'à sa seconde année d'existence ; c'était lui-même qui l'avait récoltée au moment de sa maturité la plus convenable, qui l'avait battue, rentrée et fait sécher avec le plus grand soin, sans la laisser s'échauffer d'aucune manière.

Pour la variété connue sous le nom de grand sainfoin, il fit venir sa graine de la Terrasse, village près de la Savoie, sur la route nationale de Grenoble à Chambéry, d'un des fermiers les plus intelligents de la localité, qui la faisait, la récoltait, la soignait lui-même, et ne la vendait jamais qu'à des connaisseurs capables de l'apprécier.

Il n'acheta de toutes ces graines dont nous venons de parler, que la quantité convenable pour ensemencer seulement un hectare de chaque, sauf pour le gros trèfle violet qu'il voulut en semer deux hectares.

Voici les quantités qu'il employa :

Trente-deux kilogrammes de graine de trèfle violet bien pure pour ses deux hectares.

Huit doubles décalitres de graine de lupuline en cosse.

Vingt kilogrammes de graine de luzerne.

Vingt-quatre doubles décalitres de petit sainfoin bien pur.

Vingt doubles décalitres du gros, aussi de la plus grande pureté.

Ses graines bien choisies, de bonne provenance, son terrain bien préparé, nous allons dire comment et dans quelles conditions il les confia à la mère nature.

Les terres de la ferme qu'il allait prendre étaient cultivées par des labours à plats, généralement usités dans le pays, et avec jachères. Il destina les meilleures de celles qui étaient dans leur année de repos, à recevoir les semences du petit et du gros sainfoin, suivant les quantités énoncées ci-dessus. Il profita des premiers beaux jours de la fin de l'hiver où la terre était la plus ressuyée, pour les labourer lui-même, avec les *capitaux* et les charrues de la ferme de son beau-père, qui les lui prêta bien volontiers ; nous donnerons plus loin la description des améliorations qu'Ambroise avait apportées a la charrue du pays. Ce labour ne fut pas facile, le sous-sol était embarrassé de crocs nombreux formés par de grosses pierres sortant leurs dents jusqu'à fleur de terre, qu'Ambroise se promit bien d'arracher par la suite. Malgré ces difficultés et grâce à son adresse et à son habileté, ses labours ne laissaient que très-peu de chose à désirer ; chaque bande de terre bien serrée l'une entre l'autre, et tant soit peu renversée, bien effritée à sa surface, ne laissait apercevoir aucun de ces creux dans lesquels la semence venant à s'enfouir disparaît pour toujours ou à peu près.

C'est sur la neige qu'il avait résolu de semer ses graines de trèfle et de lupuline ; il avait en effet remarqué que presque toujours dans les dernières semaines de février ou dans le courant de mars, et même d'avril, il en survenait à plusieurs reprises une épaisseur de quelques centimètres de nouvelle, qui étant tombée dans la nuit ou sur le point du jour, ne manquait pas de fondre dans la journée. C'est ce moment qu'il attendait ; et à ces fins il avait eu soin de rassembler d'avance et de tenir tout préparée, non seulement la semence, mais la petite corbeille en paille appelée vulgairement paillasson, qui devait lui servir de semoir et contenir la semence suffisante à une ou plusieurs allées et venus dans le champ suivant sa longueur ; étaient prêts aussi ses deux, trois ou quatre bâtons, encore suivant la longueur du champ, pour marquer ses sillons ; on nomme ainsi dans le pays certaine largeur du champ que le semeur couvre de semence en passant et repassant, largeur qui lui est indiquée du reste par des marques visibles de loin qu'il a placées lui-même ou qu'il a fait placer sous sa direction.

Tout était donc prêt, et vint la neige, on pouvait être assuré que sa vigilance ne laisserait point échapper l'occasion ; elle ne tarda pas du reste à se présenter.

Un matin du mois de mars et par un temps d'un extrême douceur, une neige abondante avait couvert la campagne ; Ambroise l'avait vu venir et entendu tomber ; le jour ne le prit point à son lit, il était disposé à partir avant son arrivée. Armé de ses deux *bâtons noirs*, de deux mètres de hauteur, de son semoir et de sa graine, il arrive au point du jour au champ qui devait recevoir la semence, et immédiatement et vivement il se mit à l'œuvre en procédant ainsi : d'abord il pique en terre un de ses bâtons à une distance de six pas (cinq mètres) d'une des lignes limitrophes du champ, met l'autre sous son bras gauche qui tenait déjà son semoir rempli d'une quantité donnée de semence, ensuite rasant dans sa marche la ligne de séparation des deux champs, il lance tout en avant de lui, avec ses trois premiers doigts de la main droite, la graine de trèfle qui s'éparpille également dans environ un mètre de largeur; sa pincée part toutes les fois que son pied droit touche la terre ; souvent même elle ne se vide point toute à la fois. Arrivé à l'extrémité du champ, il place son deuxième bâton à la même distance de la ligne que le précédent, c'est-à-dire, à six pas ou cinq mètres ; il revient par la même tracé jetant sa semence de la même manière qu'il avait fait en allant ; le premier mètre ensemencé sur toute sa largeur et on doit le faire de cette manière pour ne point jeter les grains qu'on sème hors de la ligne, parce que tombant ainsi sur le champ du voisin, ils seraient perdus, ou bien cette ligne près du voisin sera mal semée, le véritable ensemencement commence alors. Immobile d'abord ou piétinant un peu sur lui-même, il jette à petites pincées la semence tout près et autour de ses pieds, jusqu'au bâton qu'il a eu soin de placer à deux ou trois mètres environ en avant, semence prise toujours avec trois doigts, en quantité égale mais en très-petite quantité, les doigts bien fermés, de manière à ce que pas un grain n'échappe dans le mouvement que fait le bras en sortant du semoir pour prendre sa position horizontale; d'abord une pincée toute entière jetée en demi cercle un peu du côté droit, bien éparpillée, et celle qui la suit immédiatement légèrement du côté gauche, toujours à chaque fois que le pied touche la terre, ce qui s'appelle semer à deux poignées, et ainsi jusqu'à l'autre bâton en suivant une ligne droite le plus possible, ce qui est facile en prenant pour guide et son

7.

bâton et un autre point plus au-delà. Arrivé au bâton, on le change de place, on le porte à six pas de celle qu'il occupait tout d'abord, du côté du champ qui n'est pas ensemencé, et on le fixe sur le point qu'il faudra suivre en semant l'autre sillon, c'est-à-dire, le deuxième. Le bâton fixé on revient sur ses pas pour reprendre la ligne qu'on a tracée en venant, et on sème cette même ligne comme on l'a déjà fait à deux poignées, en se dirigeant sur le bâton planté le premier, ce qui s'appelle repasser ou doubler, et ce qu'il ne faut jamais négliger de faire et toujours en jetant très-peu de semence à la fois. On fait subir au bâton le premier piqué en terre, le même déplacement qu'à l'autre, c'est-à-dire, qu'on le porte à six pas, et on part droit de lui pour aller tout en semant, comme on l'a dit, jusqu'au second, qu'on déplace de la même manière que la première fois et qu'on replace pour indiquer le sillon suivant; après quoi on revient encore reprendre sa trace, qu'on retrouve facilement parce qu'on a eu soin d'y déposer ou le semoir qui contient la graine, ou son chapeau, ou son mouchoir, ou tout autre objet, et ainsi de suite jusqu'à l'entier parcours du terrain à ensemencer.

Cette opération, quelque compliquée qu'elle paraisse à la description, est d'une facilité d'exécution extrême, sur la neige surtout, car tous les pas se voient; elle n'est pas même difficile sur le terrain nu; un peu d'attention suffit.

Mais le champ ensemencé ainsi avec les sillons bien doublés, n'a pas encore reçu toute la semence de trèfle qui lui est nécessaire, nous avons eu soin de dire que les pincées étaient très-petites. Il faut les prendre telles parce qu'il est nécessaire de refaire toute la même opération en croisant à angles droits; ce dernier ensemencement cependant, est un peu moins long que le premier; il n'est plus nécessaire de suivre les bords du champ, comme on l'a fait la première fois; on part de suite à pleines pincées, lancées selon le mode dit à deux poignées; aller et retour par le même sillon.

Comme parmi les cultivateurs qui exploitent le sol à titre de propriétaire ou de fermier, il n'y en a pas qui hésitent à reconnaître l'importance d'un bon semis pour les graines fines; comme du reste ils en ont tous vu les difficultés, sans les avoir toujours toutes résolues, nous allons entrer dans quelques explications touchant l'ensemencement de ces prairies artificielles et donner plus de développements à cette partie si importante de toute exploitation rurale dont notre Ambroise savait si bien tirer parti.

CHAPITRE XI.

Suite de la biographie de M. Ambroise Montaubiou.

LIVRE QUATRIÈME.

SOMMAIRE.— *Semis de trèfle sur la neige (Suite).— Prairies artificielles en sainfoin. — Grain qu'il mélange à ces prairies.*

Nous rappellerons à nos lecteurs que nous avons laissé le jeune fermier, il n'y a qu'un instant, à l'œuvre, tenant à la main gauche sa petite corbeille en paille tressée qui lui servait de semoir, marchant droit et ferme au milieu de son sillon et lançant sa pincée de graines tantôt à droite tantôt à gauche, pincée toujours d'une égalité parfaite à quelques centigrammes près ; Ambroise l'a vérifié un grand nombre de fois avec des balances très-exactes, et aux personnes qui le questionnaient à cet égard, il a dit bien souvent qu'en prenant sa pincée dans son semoir, son pouce pressait les grains contre les autres doigts et s'assurait ainsi par le tact de la quantité de semence plus ou moins grande que contenait la pincée ; si elle était trop forte, par la pression il en faisait glisser le trop plein, et si elle lui paraissait trop faible, il en reprenait la quantité qui manquait, ce qui se faisait aussi facilement que la pensée le concevait.

Cette quantité est égale à ce que peut contenir comble un dé ordinaire à coudre, le nombre des grains varie peu : il est de 1350 à 1400 ; le poids, de trois grammes.

Supposons un champ régulier de cinquante mètres de côté, ensemble vingt-cinq ares; les sillons ou espaces parcourus par le semeur étant de cinq mètres chacun, ce sera dix sillons par face ; et comme dans cinquante mètres à parcourir en longueur, on sème trente pincées pour aller, trente pincées pour revenir, on aura par sillon simplement semé ainsi au total soixante pincées, soit dans les dix sillons six cents pincées, et comme pour obtenir un bon ensemencement il faut croiser, on aura un ensemble de douze cents pincées: la pincée pesant trois grammes, ce sera trois kilogrammes six cents grammes par vingt-cinq ares, soit quatorze kilogrammes quatre cents grammes par hectare, non compris les bords du champ, dans lequels il peut bien rentrer six cents grammes; ce serait donc un total de quinze kilogrammes : c'est à peu de chose près, comme on le voit, la quantité qui se trouve indiquée dans tous les livres d'agriculture qui traitent cette question.

Mais, il ne faut pas perdre de vue que cette quantité est dans la plupart des terrains un minimum, et que ce n'est que bien exceptionnellement qu'on peut rester en dessous; il est même prudent, dans tous les cas, de l'augmenter un peu, surtout si l'on craint une température peu favorable pour la germination.

Il arrivait souvent à Ambroise, lorsque la terre était bien disposée, qu'il ne faisait pas de vent, que la pincée s'éparpillait bien et tombait où la volonté du semeur l'envoyait, il lui arrivait, dis-je, qu'il ne doublait pas ses sillons au croisement, c'est-à-dire, qu'il allait par l'un et revenait par l'autre. Observons bien qu'il n'agissait ainsi que lorsqu'il en était au croisement; quelquefois dans ce dernier cas même il faisait ses sillons plus larges, sept ou huit pas, et ses pincées plus fortes, un quart ou un tiers en sus; il marquait alors ses sillons ainsi ; supposons huit, il comptait ce nombre de pas, et à la place du huitième posait à terre son paillasson ou sa corbeil'e pleine de grains (qui lui servait de semoir), en recomptait huit au-delà, et au huitième de ces derniers il piquait son bâton, revenait immédiatement à la place où il avait déposé son semoir, le reprenait, partait de là et semait à deux grandes et fortes pincées les bords du champ à vue d'œil, pour le premier sillon ; arrivé au bout, il faisait exactement la même opération que nous venons de décrire, piquait son second bâton, après avoir compté les pas, à la place qu'il devait occuper et ainsi de suite ; de cette manière les sillons n'étaient pas doublés au croisement ; nous devons dire encore que souvent, ce croisement fût-il complet ou non, il lui arrivait de le faire par-dessus le hersage ; il employait même de préférence ce mode d'ensemencement dans les champs où la terre bien effritée aurait laissé la herse enterrer la graine trop profondément.

Nous devons, obligé que nous y sommes par notre devoir d'historien fidèle, consigner ici à cette place, quoique nous l'ayons appris d'une autre part, ce qu'Ambroise avait été obligé de faire pour l'ensemencement de ses petites graines, quand il a voulu se faire aider de ses fils.

Les développements qui vont suivre ont besoin d'être lus avec une extrême attention pour être parfaitement compris par les jeunes cultivateurs qui voudront profiter pour eux-mêmes de l'expérience raisonnée du père Ambroise, ce que du reste nous conseillons de toutes nos forces, dans tous les cas et toujours.

Toutes les semences, mais particulièrement celles de trèfle et de luzerne, doivent être semées par le directeur lui-même de l'exploitation, et s'il se fait aider, il doit néanmoins assister à l'ensemencement tout le temps qu'il dure, le diriger de la main et de l'œil et toujours être à la tête des semeurs, coûte que coûte.

Il est nécessaire quand on sème un champ à plusieurs semeurs, ce qui arrive très-souvent, d'avoir des bâtons de couleurs ou de tailles différentes pour qu'il n'y ait pas confusion dans les espaces indiqués par eux : supposons deux semeurs; il est bon qu'ils soient à côté l'un de l'autre et que les espaces à ensemencer se touchent, la surveillance est aussi bien plus facile et plus sûre; pour les bords du champ, à un mètre dans son intérieur, ils partent chacun de leur côté, et comme il faudra revenir pour doubler la semence, ce mètre sera semé précisément quand les deux semeurs seront de retour au point de leur départ; le premier bâton est alors piqué à quatre pas des bords du champ; le deuxième, à six pas de celui-ci, soit à dix pas des bords : chaque semeur a son semoir garni à la main gauche et son autre bâton ou ses autres bâtons sous le même bras ; car si le champ est long, il en faut trois, et s'il est très-long, quatre ne sont pas de trop : si c'est trois, on en place un au milieu du champ, et si c'est quatre c'est au premier et au deuxième tiers du champ.

Les bâtons se placent au fur et à mesure que ces points sont atteints et avec les mêmes distances dites ci-dessus.

Arrivé au bout de son sillon, chaque semeur dépose à terre l'objet qui renferme sa graine ; le directeur compte six pas et fait avec le pied une trace juste où doit se piquer un bâton, ce que fait le semeur ; il recompte encore six pas, et à cette place fixe lui-même un bâton ; chacun revient ensuite à sa semence et double son sillon ; il est très-facile, comme on le voit, de procéder de la même manière avec un plus grand nombre de semeurs. Dès qu'on arrive aux bâtons intermédiaires, on les change et on les met en place comme il est dit ci-dessus ; de même pour ceux qui sont au bord du champ, vis-à-vis desquels le semeur a soin de partir dirigeant sa marche sur les piquets plantés et toujours vers un point au-delà, pour avoir une ligne droite (1),

(1) Nous avons cru ces détails nécessaires et nous rappelons de nouveau sur eux l'attention de nos jeunes agriculteurs praticiens, leur confessant humblement que c'est dans la confection des bonnes prairies artificielles que nous avons échoué le plus souvent, et nous nous faisons un vrai plaisir de leur dire que depuis que nous les ensemençons ainsi, pas une seule fois le résultat n'a trompé nos espérances ; cette méthode de semer les graines de prairies est pratiquée depuis longtemps dans mon exploitation, où elle avait été apportée par un des employés de M. Montaubiou. *(Note de l'auteur)*.

Après cette digression qu'on voudra bien nous pardonner, nous nous hâtons de reprendre le cours de l'histoire de notre père Ambroise, que nous avons laissé sur la neige, semant ses prairies de trèfle violet avec vigueur et énergie, sans hésitations d'aucune sorte, ce qu'on aime toujours voir dans un travailleur.

Ambroise eut fini d'ensemencer ses deux hectares et bien croisés, juste au moment où un soleil brillant d'un éclat radieux, vint fondre la neige et la faire servir ainsi de herse pour entraîner la semence en terre : donc pas une graine ne fut perdue.

Ensemencé de cette manière, le champ offre partout une semence égale, sans places vides, sans que les unes soient moins fourrées que les autres. Aussi les prairies artificielles faites ainsi sont-elles magnifiques à voir, offrant sur tous les points un tapis uniforme, bien garni, à végétation parfaitement égale, et elles rapportent au moins un bon tiers de fourrage de plus et de meilleure qualité que celles qui sont ensemencées par la méthode ordinaire ; le croisement a encore un autre avantage, c'est que les mauvaises herbes ne trouvant jour nulle part s'étiolent ; le trèfle les étouffe plus facilement, et elle n'arrivent point à maturité, c'est-à-dire, à produire graine.

Nous venons de voir la manière dont Ambroise procéda dans l'ensemencement de ses deux hectares avec sa graine de trèfle ; pour cette première année, il sema ainsi sa graine de luzerne, bien qu'il eût préféré préparer lui-même le terrain à cet effet : *Mais à l'impossible nul n'est tenu*, et il vaut mieux quelquefois dans les travaux ruraux, faire moins bien qu'on ne le voudrait, ou qu'on le pourrait en attendant, que de ne pas faire du tout; c'était une des maximes d'Ambroise. Il sema de la même manière sa lupuline. Il économisa ainsi le hersage et la mauvaise humeur du fermier sortant, qui n'aurait pas manqué de se faire jour, s'il eût vu la herse passer sur ses blés en herbe, et en arracher quelques plantes, surtout la herse d'Ambroise dont nous parlerons plus tard.

Nous avons vu qu'Ambroise avait préparé par de bons labours les terres qu'il destinait à ses sainfoins. Le moment favorable à leur ensemencement arriva aussi; car pour tous les travaux de la campagne il arrive toujours un moment favorable, et ceux qui se plaignent des saisons, *sont ceux qui laissent passer les bonnes occasions sans les saisir.*

La terre un jour parut bien ressuyée et très-sèche jusqu'à une certaine profondeur; il faisait un temps superbe, beau soleil, chaude température, un air de vent du midi indiquait même un changement prochain; Ambroise accompagné de son beau-père, de quatre bœufs et de deux herses (nous donnerons plus tard aussi la description de son mode d'attelage), arrive au champ à ensemencer; il trace d'abord des sillons de sept petits pas de largeur (cinq mètres et demi environ), avec de la paille fixée dans le guéret, de distance en distance, dans la longueur, mais toujours rigoureusement avec le même espacement dans la largeur; il endosse ensuite sur l'épaule gauche son semoir, un simple sac, le premier venu, à un des angles du fond duquel la corde qui sert à fermer l'ouverture, était venue se nouer, empêchée qu'elle était de glisser en arrière par quelques grains formant bourrelet et séparés par la corde des autres que contenait le sac. Ces sacs étaient faits de triége, forte toile en chanvre bien tissée, appelée cordat dans le pays; d'une longueur de un mètre dix centimètres et de cinquante centimètres en largeur, contenant à l'aise un hectolitre, et marqués visiblement avec les initiales de son nom et de sa localité.

C'est premièrement le bord du champ d'un côté, c'est-à-dire, la ligne limitrophe qu'il sème comme nous l'avons vu faire pour les trèfles, à petites poignées, de manière à ne pas répandre le grain au moment où la main sort du semoir; marchant enfin au milieu de son sillon, droit et ferme, il lance une première poignée d'un côté, la seconde d'un autre et toujours portant son attention à la jeter juste par la pensée au milieu de la marque de son sillon, tantôt sur celle de droite, tantôt sur celle de gauche, surtout, comme nous l'avous dit, sans laisser glisser un seul grain de la main, lorsqu'elle prend sa position horizontale, et toujours la semence épandue comme le pied droit touche la terre.

Il est bon de faire observer ici que les semeurs qui font des fautes, soit en jetant plus de semence qu'il n'en faut sur un point, soit en ne démêlant pas la poignée, ne commettent ces fautes que parce que leurs mains tombent, et ne conservent pas cette position horizontale qu'elle doivent toujours avoir, et que nous ne saurions trop recommander.

Nous avons dit peu de semence à la fois; car Ambroise non seulement doublait, mais encore croisait les sainfoins, comme nous ne lui avons vu faire pour les trèfles, tantôt d'une poignée seule, tantôt à deux, suivant l'état du terrain, qui quelquefois, dans certains endroits, demande un peu plus de semence que dans d'autres.

Pour une portion et pour laisser moins longtemps les bœufs sans rien faire, son beau-père l'avait aidé à croiser, et avait lui-même semé les graines qui devaient croître avec le sainfoin, quoique Ambroise tint extraordinairement à ce que toutes ses semences lui passassent par les doigts. Mais il est des circonstances qui commandent impérieusement et auxquelles il faut que le cultivateur sache obéir : Ambroise ne l'ignorait point. Ces graines sont ordinairement des graminées, telles que *seigle trémois, orge, avoine,* etc. Cependant, Ambroise préférait les légumineuses, *gesses, vesces, pois* et surtout les *ers, ervilliez, alliers* ou *lentillons.*

C'est ainsi qu'Ambroise commença son entrée en ferme. C'est sur l'obtention d'une grande quantité de fourrage que se porta tout d'abord son attention.

« Avec du foin, disait-il, j'aurai des bestiaux, à qui je « saurai bien le faire payer, et de l'engrais, dont nous « sommes toujours si pauvres, nous paysans du Trièves. »

Il aimait aussi à répéter que *l'engrais était la pierre philosophale du cultivateur.*

CHAPITRE XII.

Suite de la biographie de M. Ambroise Montaubieu.

LIVRE CINQUIÈME.

SOMMAIRE. — *Fauchaison , fanaison faites par Ambroise. — Par qui il se fait aider. — Qualité du foin qu'il engrange. — Description du mode qu'il suit pour la dessication de ses prairies naturelles et artificielles, etc., etc.*

Quand vint le moment de la fauchaison et de la fanaison, Ambroise obtint facilement du fermier qu'il devait remplacer, de faire lui-même les quelques hectares de prairies artificielles qu'il y avait dans la ferme et aussi quelques hectares des prés naturels ; c'est-à-dire, de les faucher, de les faire sécher et de les rentrer dans les fenils de la propriété ; comme c'était du travail de moins pour le fermier qui sortait, ce fermier ne se fit pas trop prier pour accorder cette autorisation.

Ambroise était connu pour être un des meilleurs faucheurs de l'endroit, pour en faire beaucoup et pour le faire bien ; mais jamais encore on ne l'avait vu agir avec tant de célérité, de précision et de bonheur. Ses fourrages paraissaient se sécher comme par enchantement ; ses trèfles, ses luzernes, ses sainfoins s'engrangeaient avec toutes leurs tiges, avec toutes les feuilles, vertes encore, et portant leurs fleurs aussi roses que si elles venaient d'être coupées, et cependant le tout était parfaitement sec. Plusieurs fois même on avait remarqué, lorsque par exemple le vent du midi soufflait, qu'il rentrait le soir du foin de pré, qui était encore debout à dix heures du matin, desséché bien à point ; c'est qu'il savait le prendre à propos et au meilleur moment de sa maturité, fleurs en haut, graines au dessous.

Notre jeune laboureur avait beaucoup d'amis dans le village, comme on peut bien le penser ; mais il s'était particulièrement lié avec deux vigoureux jeunes gens, ardents au travail presqu'autant que lui ; c'est par eux qu'il se fit aider dans cette opération si importante du fauchage, qui, en général, cependant est assez mal faite partout, et sur laquelle les cultivateurs intelligents n'ont pas encore apporté toute leur attention.

Nos trois jeunes hommes armés de leurs excellents instruments (Ambroise savait choisir les bonnes faulx sans jamais se tromper), bien enmanchés avec des viroles en acier trempé, avec des fauchers bien appropriés à leurs mains, à leurs tailles, à leurs forces, *faisaient merveille*, et c'était plaisir à les voir à leurs chantiers, chantant ensemble des chansons de Béranger ou sifflant des airs patriotiques bien connus.

Tous leurs mouvements étaient d'accord et se faisaient sans peines, sans efforts, sans contorsions, avec grâce et élégance, laissant chacun derrière soi une voie ouverte de deux mètres vingt centimètres de largeur, que chaque coup de faulx augmentait de quinze à vingt centimètres en longueur. Aussi l'ouvrage avançait, l'herbe tombait, les andains se formaient et tous étaient de même largeur, de même épaisseur, autant rasés près de terre les uns que les autres, aussi unis près du talon de la faulx que vers sa pointe, sans coups apparents, sans un brin d'herbe échappé, tout autant lisse au milieu qu'au commencement et à la fin.

La veille du jour où Ambroise avait décidé que la faulx attaquerait telle prairie, sur le soir, il allait lui-même avec une vieille faulx encore bonne cependant, faucher tous les bords de la prairie par un andain ou un demi andain, en rejetant l'herbe coupée sur celle qui ne l'était pas ; il engageait même le fauchage dans l'endroit le plus convenable, en faisant toujours un andain et quelquefois deux, s'il jugeait que la chose fut nécessaire.

Le lendemain, quand le jour commençait à poindre, les trois amis se mettaient énergiquement à l'œuvre et trouvant la tranchée toute grande ouverte à l'endroit où il fallait qu'elle le fût, le plein fauchage était immédiatement en train. Aussi avec l'aide de la rosée qui rendait l'herbe tendre et bonne à couper, à neuf ou dix heures du matin, au moment où le soleil commençait à chauffer, un hectare de pré naturel, quelquefois deux de foin artificiel, étaient parcourus et leur herbe couchée par terre.

Ambroise, à moins que le temps ne fût pluvieux, ne fauchait jamais que la matinée ; il savait depuis longtemps et il avait acquis cette connaissance par l'observation (Ambroise observait beaucoup), combien la coupe de l'herbe est plus facile aux heures matinales. D'ailleurs la fanaison commençait à peu près à cette heure, et Ambroise était trop pénétré de l'importance de ce travail pour oublier combien là aussi l'œil du maître est nécessaire ; conséquent avec cette manière de voir, il dirigeait lui-même et avec la plus grande attention, toutes les opérations de la dessication du foin ; il y était obligé en quelque sorte, nous devons le dire, parce qu'en cela comme en beaucoup d'autres choses, il ne suivait pas les usages usités dans le pays.

Les fourrages dits artificiels, tels que les trèfles et les luzernes, quelquefois même les sainfoins, sont d'une dessication beaucoup plus difficile que les foins de pré ; aussi Ambroise, comme nous l'avons dit, portait sur ce travail une attention toute particulière, nous allons dire comment.

Il faisait pour ses prairies artificielles ce que, par anticipation, nous avons dit qu'il faisait pour ses prairies naturelles ; il allait la veille faucher lui-même où il envoyait faucher le tour du champ, en faisant verser l'andain en dedans, et il marquait par quelques coups de faulx dans l'herbe, la place par où le travail devait s'engager le lendemain. Supposons que ce soit une pièce de trèfle : Ambroise laissait les andains tels quels pendant deux ou trois jours, plus ou moins, selon la chaleur du soleil ou selon les vents régnants. Au bon moment venu, on le voyait arriver au champ avec des ouvriers et ouvrières portant fourches et râteaux. Ces ouvriers et ces ouvrières, Ambroise à leur tête, commençaient par prendre l'andain le plus près des bords du champ, le ramassaient avec leurs fourches, en le descendant un peu quand ils commençaient l'andain, en le remontant d'autant, quand ils étaient au pied, et chaque fourchée faite en dôme de deux pieds environ de hauteur sur une base à peu près semblable, était portée à deux ou trois andains en dedans ; tout le premier andain était ainsi changé de place, le second de la même manière, quelquefois le troisième, et tous étaient placés en fourchées de la dimension précitée ; ces petits tas faits d'une seule fourchée, s'appellent *meulettes* On les place en lignes, assez rapprochés les uns des autres, sans qu'ils se touchent cependant : les deux ou trois autres andains qui suivent sont aussi rapprochés de ceux qui viennent d'être ainsi déplacés et mis en meulettes également, de sorte que cette opération faite dans tout le champ laisse des vides assez grands d'abord tout autour, ensuite entre les lignes des meulettes.

Aussitôt que ces vides et ces lignes se forment, les râteaux arrivent ; on forme encore quelques meulettes des râtelures qu'on met dans la ligne la plus rapprochée.

Le trèfle ainsi ramassé reste dans le champ deux, trois, quatre jours même, suivant la température : les fortes rosées, quelques ondées même de pluie ne l'endommagent point et n'exigent aucun surcroît de travail.

Il n'en est pas de même d'une pluie abondante. Dans ce cas, il faut attendre que leurs surfaces soient bien ressuyées, ensuite on les retourne et on les laisse un jour ou deux de plus.

Le travail qui suit la mise en meulettes et qui se fait ordinairement le troisième jour, lorsqu'il ne pleut pas dans l'intervalle, est la mise des *meulettes* ou *meules*. On prend quinze ou vingt de ces meulettes, à brassées ou en fourchées ; on les arrange en pains de sucre ou en pyramides rondes, de cinq ou six pieds de haut, sur une base à peu près de ces dimensions ; ce sont ces tas qui s'appellent meules. Chaque meule doit, quand elle est sèche, peser cinquante kilogrammes environ.

Les meules faites, on râtelle le champ à la place où étaient les meulettes, et il ne restera à râteler que la place où sont les meules, opération qu'on a soin de faire quand on enlève celles-ci.

Ces meules doivent être faites de manière à ce que la pluie glisse sur leurs surfaces et ne puisse pénétrer dans leur intérieur, car on n'y touche plus que pour les charger ; ce qui a lieu au bout de trois ou quatre jours, temps suffisant pour leur parfaite dessication.

Il faut avoir soin, quand on veut charger ce fourrage, de le faire soit après le coucher du soleil, soit de grand matin, s'il n'est pas tombé de rosée, quelquefois même au clair de la lune et rarement dans la journée, à moins cependant que le soleil ait été caché tout le temps par des nuages.

Les cultivateurs qui font sécher les foins de leurs prairies artificielles comme celui des prés naturels, ne rentrent en grange que des bâtons et perdent le meilleur du foin ; tandis que le foin des prairies artificielles, préparé comme nous venons de le dire, conserve toutes ses tiges, toutes ses feuilles, toutes ses fleurs. On le rentre très-vert et d'une qualité supérieure : les bœufs, les vaches, les chevaux, les moutons, tous les bestiaux enfin **le** préfèrent au meilleur foin des prairies.

Par ce mode de dessication des trèfles, mais des trèfles seulement, nous devons dire, pour rendre hommage à la vérité, qu'Ambroise eut bientôt des imitateurs dans son pays.

CHAPITRE XIII.

Suite de la biographie de M. Ambroise Montaublou.

LIVRE SIXIÈME.

SOMMAIRE. — *Comment Ambroise fait faire ses fanai-sons de foins naturels. — Repos et repas. — Cordons et meules lorsqu'il y a apparence de mauvais temps. — Conduite d'Ambroise vis-à-vis ses employés. — Aphoris-me d'Ambroise, etc., etc.*

Nous avons vu qu'Ambroise, la veille du jour où il voulait faire faucher une de ses prairies naturelles, allait lui-même faire un andain ou deux dans tout le pourtour de cette prairie, et marquait même par quelques coups de faulx le point où il fallait commencer. L'andain fait dans le pourtour du pré devenait double par celui qui était renversé sur lui. Un jour ou deux après la fauchaison entière d'une prairie, selon la chaleur du temps et la quantité d'herbe qu'elle donnait, sur les neuf ou dix heures du matin, Ambroise faisait prendre cet andain tout

entier avec des fourches et le faisait rentrer dans l'intérieur de la prairie, par dessus deux ou trois autres. Il
faisait, en outre, descendre de trois ou quatre pas le
commencement de ce même andain et remonter d'autant
les trois ou quatre pas qui le finissaient. Il faisait faire
ces trois mutations, c'est-à-dire, rentrer dans l'intérieur
du pré, remonter et descendre de trois ou quatre pas, les
trois ou quatre andains qui suivaient le premier, toutefois
en ayant soin de toujours bien retourner les andains ; et
immédiatement il faisait rapprocher de ces quelques
andains retournés, les deux ou trois autres qui suivaient
en les retournant également. Il faisait ainsi travailler
toute la prairie avec la précaution de serrer toujours
depuis six jusqu'à douze andains ensemble, ce nombre
étant sujet à varier suivant la quantité d'herbe plus ou
moins grande que fournissait la prairie ; de manière
que cette opération finie, tout le foin du pré était ramassé par bandes, laissant entre elles, ainsi que dans
tout le pourtour du pré, des espaces vides assez considérables et assez nombreux, pour occuper immédiatement les râteaux, et en effet, c'était l'opération du râtelage qui suivait la mise en bandes, celle que nous venons de décrire, et Ambroise avait bien soin de faire ter-
miner l'opération du retournage des andains et leur rapprochement en bandes dans toute leur longueur et à
leurs deux extrémités, juste au point où se trouvaient
par avance déposés autant de râteaux qu'il y avait de
travailleurs. Chacun de ceux-ci alors échangeait sa
fourche contre un râteau, et chaque ouvrir muni de cet
instrument passait en râtelant entre les bandes qui ve-

naient d'être faites, l'un râtelant d'un côté, l'autre de l'autre, et suivait en outre le pourtour du pré et venait finir le travail de tous les points de la prairie précisément à l'endroit où il l'avait commencé, là où il avait déposé sa fourche et où il allait la reprendre en y déposant son râteau à la place.

L'opération qui suivait celle-ci était le désandainage ou l'éparpillement du foin sur toute la bande, sans empiétement sur les bords râtelés, en un lit d'une égale épaisseur, dans toute son étendue, bien secoué avec des fourches en fer toutes semblables en grandeur, en force, en poids, avec un manche d'une longeur d'un mètre cinquante centimètres ; ces fourches lui coûtaient un franc la pièce. Il s'était servi pendant longtemps de fourches en bois à trois dents, dont le prix l'une, lorsqu'elles étaient bien faites, était d'un franc cinquante centimes ; mais leur durée ne l'avait point satisfait et il avait définitivement adopté les fourches en fer auxquelles il ajoutait des manches de longueurs différentes, suivant l'usage qu'il en voulait faire.

Au moment où s'achevait le travail que nous venons de décrire dans les lignes précédentes, ou si ce travail était fini plus tôt, et avec Ambroise cela arrivait souvent, car il savait si bien diriger ses ouvriers sans perte de temps, que toujours il avait fini plus tôt qu'on ne s'y attendait, on se reposait alors jusqu'à l'heure du repas qui était invariablement fixé à l'heure de midi. Ce repos pris avant le repas remplace celui qu'on a l'habitude de prendre après à l'époque des foins ; quelquefois aussi on agit de la même manière dans le temps

des moissons, un jour par exemple de chaleur excep-
tionnelle.

A ce propos, nous dirons que beaucoup d'excellents
cultivateurs de notre connaissance sont de l'avis d'Ambroise; ils croyent comme lui qu'il y a avantage, dans le
temps de la dessication des foins, à faire prendre le repos avant le repas, surtout quand on a donné au pré les
trois façons décrites ci-dessus, le foin se séchant plus
promptement alors que le soleil darde ses rayons plus
perpendiculairement.

Le rapprochement des andains, le désandainage ou le
foin mis en bandes, le râtelage ne sont que les prélimi-
naires de la grande fanaison. La véritable fanaison demande encore, si cela est possible, plus d'activité, plus
de promptitude ; elle consiste en ce que chacun, armé de
sa fourche, prend une bande ou bien encore se mette à
deux pour une ; et alors le foin de la bande est retourné,
secoué, éparpillé, égalisé, une fois, deux fois, trois fois,
si ces bandes sont trop épaisses ou le foin trop gros.

Il faut enfin renouveler ce brassage des bandes ensemble ou par places, jusqu'à leur parfaite dessication.

Une chose que beaucoup de praticiens savent, mais
qui cependant est loin d'être sue par la généralité, c'est
que du foin séché par masse, pourvu qu'il puisse sécher,
est infiniment meilleur que celui que le soleil a brûlé;
l'épaisseur des couches de foin en bandes ne peut
point se décider d'avance; elle dépend du degré de
chaleur, du soleil, du vent qui règne, de l'exposition du
pré, de la façon dont le dessus de l'andain a séché, de la
qualité de l'herbe, de la maturité, etc., etc.

Dans le pays qu'habite Ambroise, toutes les opérations que nous venons de décrire, bien faites à leur temps, suffisent parfaitement pour que le fourrage se puisse charger à quatre ou cinq heures du tantôt. Quelques charges même peuvent se faire avant ce moment ; mais soit les premières, soit les dernières de ces charges, elles sont faites avec du foin, parfaitement sec, qui a conservé tout son arôme et même sa belle couleur verte.

Tout le travail dont nous venons de tracer une légère esquisse, et qui n'est qu'un plaisir, malgré la chaleur, lorsque le temps est beau, devient un peu plus pénible, lorsque survient un orage ; chacun doit dans ce cas doubler son activité, sa force, son énergie ; on rapproche avec hâte les bords des bandes du centre, ou en fait un long cordon bien enroulé, ou mieux encore, si la menace du temps n'est pas trop imminente, on range le foin en meules, faites en forme de pain de sucre de cinq pieds de haut sur une base à peu près égale, semblables à celles que nous avons décrites en parlant des foins artificiels. Si la pluie n'est qu'une averse, le foin en cordons n'est guère plus endommagé que celui en meules ; mais celles-ci peuvent impunément braver un plus long mauvais temps : l'orage passé ou après la pluie tombée, lorsque leur surface est séchée, il faut écarter de nouveau et meules et cordons.

Dans tous ces travaux qu'un changement de temps imprévu amène au cultivateur, Ambroise était toujours le premier à la besogne, disant un mot d'encouragement à celui-ci, donnant un conseil salutaire à celui-là, sans jamais se fâcher et sans mauvaise humeur aucune.

Mais reprenons l'hypothèse d'un beau temps fixe et durable ; il est deux heures et demie, trois heures du tantôt : voyez venir chaque paire de bœufs, trainant un char à quatre roues et à plancher bien joint, ou encore les chevaux avec leurs charrettes. Un ouvrier ouvre la bande et la voiture passe au milieu pour recueillir le foin ; pour charger commodément, il faut deux hommes, dont un assez vigoureux, celui qui approche, une femme ou un enfant pour râteler après la charge, de manière que la charge et le râtelage se faisant ensemble, la place du pré qu'occupait la bande est totalement nettoyée et tout à la fois, ce qui est un avantage.

Ambroise aimait au plus haut point le travail net et auquel on n'était jamais obligé de revenir ; il l'aimait aussi bien fait, et on l'entendait souvent dire à ses travailleurs : *Mes amis, faites toujours bien du premier coup, et n'oubliez jamais qu'un ouvrage refait n'est jamais bien fait.*

CHAPITRE XIV.

Suite de la biographie de M. Ambroise Montaubion.

LIVRE SEPTIÈME.

SOMMAIRE. — *Poids des charges de foin chez Ambroise. — Soins qu'il prend au déchargement dans le fenil. — Il recueille précieusement les poussières. — Comment les habitants du pays d'Ambroise font ces divers travaux. Description d'un antique instrument dont se servaient nos pères. — Conclusion, etc., etc.*

Nous avons vu dans les livres précédents comment Ambroise traitait ses foins artificiels et ses foins de prés naturels ; à ces détails nous devons ajouter encore qu'Ambroise n'aimait pas les grosses charges ; il ne les voulait que de cinq cents kilogrammes environ, mais bien faites, bien râtelées, bien peignées, enfin, ne laissant perdre aucun brin d'herbe de la prairie au fenil. Ambroise notait exactement le nombre de voitures qui sortaient de chacune de ses prairies, et comme elles étaient toutes à peu près du poids de cinq cents kilogrammes, son addition était vite faite, et il avait ainsi à la fin de ses fanaisons, un compte assez exact de la quantité de foin rentré. Ces charges d'ailleurs de cinq cents kilogrammes sont plus commodes, plus faciles à faire, plus faciles à conduire, moins sujettes à verser et en même temps plus aisés à décharger.

Je connais du reste bon nombre de cultivateurs et des plus intelligents qui sont de l'avis d'Ambroise.

Nous devons consigner ici une observation qui fera apprécier d'une manière assez exacte la sagacité de ce jeune fermier ; souvent il faisait charger du foin à qui il manquait encore un petit degré de dessication ; c'est que, dans ces moments, le vent brûlant du midi soufflait par chaudes raffales, et le prévoyant Ambroise avait bien compris qu'en chargeant et en déchargeant, ce degré de dessication qui manquait se compléterait facilement pendant ces diverses opérations.

Au déchargement du foin dans le fenil, il s'égraine toujours une certaine quantité de semence mélangée de poussière de foin, de tiges brisées, de feuilles de petit trèfle, de lupuline et autres légumineuses, etc. Ambroise avait grand soin de faire mettre toutes les graines et les poussières à part, de les remuer chaque jour afin d'en empêcher la détérioration par la fermentation, qui n'aurait pas manqué de s'y mettre sans ces précautions ; il savait aussi de quelle utilité tous ces débris lui seraient pour ses bêtes à laine quand viendrait la saison d'hiver.

Dans le fenil, les soins d'Ambroise ne manquaient pas plus qu'à la prairie ; c'était couches par couches et toujours bien égales, de 40 cent. environ d'épaisseur, que le foin était placé. Le long des murs, on le tassait avec les pieds en y passant, et le plus près possible de la muraille. Le tas fini, il était recouvert partout de cinquante cent. à un mètre de bonne paille ou du foin de qualité moindre, ou, ce qui était le cas le plus ordinaire, avec du foin dont la dessication laissait quelque chose à désirer.

Il ne serait peut-être pas hors de propos de faire connaître la manière dont ces divers travaux se faisaient dans le pays d'Ambroise, non pas que nous croyons qu'on puisse en tirer quelque profit, mais cela peut servir à bien faire juger le degré d'intelligence de notre jeune fermier et encourager peut-être ceux qui seraient tentés d'entrer dans la voie qui a été pour lui une voie de succès.

Les faucheurs du pays fauchent du matin au soir, par le soleil le plus ardent comme par un temps couvert, avec des instruments tels quels, bons ou mauvais, mais la plupart du temps de cette dernière catégorie, avec des emmanchures imparfaites, qui exigent pour leurs réparations de nombreux temps d'arrêt dans la coupe de chaque andain ; aussi la prairie porte la marque de tous les coups de faulx, et on peut les compter un à un sur toute sa surface : le dessous de l'andain est surtout remarquable par la quantité d'herbe qui y reste intacte et de toute sa longueur.

Le foin ainsi fauché reste quelquefois huit jours en andains, sèche de cette façon, et, lorsque la fourche le ramasse, le dessous de l'andain est devenu jaune, noir ou roux, et le dessus n'a pas meilleure couleur. En cet état il est ramassé pêle-mêle, amoncelé en deux grands amas chacun d'environ cent kil., distants entre eux de quelques mètres, distance qui forme le vide où doit venir se placer le véhicule qui doit emporter le foin au fenil de la ferme. Ce véhicule est certainement le plus antique instrument qui ait été employé dans l'agriculture de nos pères, et bien certainement son origine date du moment où les peuples pasteurs ont abandonné leur vie errante de bergers pour prendre la vie sédentaire du peuple qui travaille; c'est à cause de cette antiquité que nous allons essayer d'en faire la description.

Ce véhicule s'appelle *Lye;* il est composé de deux morceaux de bois qui glissent sur le sol et remplacent ainsi les roues, ordinairement en bois de hêtre d'environ deux mètres de longueur, un peu relevés vers leurs faces antérieures, traversés verticalement par trois supports en chêne, ou frêne, ou en tout autre bois dur, avec tenons et arrêts, portant eux-mêmes à trente cent. de hauteur deux autres morceaux de bois qui s'étendent sur toute la longueur et dépassent même de quelques centimètres la partie postérieure des deux morceaux de hêtre sur lesquels ils sont fixés; trois ou quatre traverses tiennent ensemble les deux derniers morceaux de bois et forment le plancher sur lequel est placé le foin. Aux deux extrémités antérieures s'élèvent encore deux étais ayant en longueur un mètre cinquante cent. et traversés par trois traverses ; ces deux étais sont encastrés avec mortaises et tenons dans les deux barres qui supportent le plancher et sont placés ainsi pour empêcher que le foin ne tombe en avant ; il y a un cadre semblable sur le derrière pour empêcher aussi le foin de s'échapper par cette partie. Une corde, serrée par des tourniquets, tient le tout.

Lorsque cet instrument sans roues est chargé de cent cinquante à deux cents kil. de foin, charge qui est ordinairement faite par des femmes et des enfants, deux bœufs, de vingt-cinq louis la paire, ont peine à la tirer.

Les entrées des granges et des fenils sont faites, encore presque dans toutes les fermes, de telle manière que les bœufs attelés avec cet instrument peuvent y entrer, traînant la charge, non sans de violents efforts cependant, car il n'est pas rare de voir, aux montoirs qui y conduisent, des pentes de vingt à vingt-cinq cent. par mètre. Les coups d'aiguillon fréquemment répétés, les cris assourdissants et les gros jurons des conducteurs ne manquent jamais pour forcer les bœufs à cette ascension ; enfin ces derniers, traînant la charge, pénètrent jusqu'au fond de la grange, foulant sous leurs pieds le foin déjà charrié et y déposant, la plupart du temps, des ordures de toutes sortes. L'instrument étant déchargé, ce qui n'est pas difficile vu le peu de soin qu'on met à cette opération, l'homme qui a conduit les bœufs, les détèle, tire le véhicule après lui, l'emporte hors de la grange comme il peut, et retourne chercher les bœufs pour les atteler de nouveau et recommencer la même opération jusqu'à la fin de la rentrée de tous les foins.

Nous nous bornerons à ces quelques lignes qui, à notre avis, font parfaitement connaître l'état général de l'agriculture dans le pays d'Ambroise, et qui donneront en même temps la mesure des efforts qu'il lui a fallu faire pour arriver aux résultats qu'il a obtenus et dont nous avons cherché à rendre compte par tout ce qui précède.

Nous avons omis une foule de choses, nous ne nous le cachons pas, et nous oserons même ajouter des plus intéressantes pour les cultivateurs praticiens, toujours à notre point de vue, mais nous devons dire, pour pallier notre faute, si faute il y a, que nous nous réservons de faire au printemps prochain une nouvelle visite à M. Montaubiou avec l'intention de mieux observer et avec la résolution aussi d'écrire ces observations pour en faire une suite à celles que nous avons pris la liberté grande de publier aujourd'hui.

TABLE DES MATIERES.

Paris. — Imp. J.-B. GROS, rue des Noyers, 74

AUGUSTE GOIN, Libraire-Éditeur.

CATALOGUE

DE LA

LIBRAIRIE CENTRALE D'AGRICULTURE

ET DE

JARDINAGE.

Quai des Grands-Augustins, 41.

NOTA. — Sur les ouvrages composant le présent catalogue, il sera fait une remise de 10 pour 100 lorsqu'ils seront pris au bureau.

Les commandes de 20 à 30 fr. seront expédiées *franc de port* jusqu'au bureau et station des Chemins de fer, des Messageries Générales et Impériales les plus rapprochés de la résidence des demandeurs.

En outre de l'envoi *franc de port*, les commandes de 31 à 50 fr. jouiront de la remise de 5 pour 100 et il sera fait une remise de 10 pour 100 sur celles de 51 à 100 fr.

Je me charge aussi de fournir aux mêmes conditions tous les ouvrages qui me seront demandés ainsi que les ouvrages neufs ou d'occasion, d'Agriculture et de Jardinage qui ne sont pas portés sur le présent catalogue.

15 Décembre 1854.

AGRICULTURE.

Abeilles (*Manuel de l'éducateur d'*), par De Frarière. in-18.   3 50

Abeilles (*Guide de l'éleveur d'*), par De Frarière, 1 vol. in-18 avec figures.   75 c.

Abeilles (*Le conservateur ou la culture perfectionnée des*), d'après les méthodes les plus récentes et avec application de celle de Nutt. In-8, avec 3 pl., 1843.   1 50

Agriculteur praticien (L'), *Revue de l'agriculture française et étrangère*, publié sous la direction de M. N. Basset. 2ᵉ année. Prix de l'abonnement.   6 fr.

Agriculture (*Manuel populaire d'*), par M. Vigneral, 1 vol. in-8. 1 25

Agriculture (*Cours d'*) *théorique et pratique*, et notice sur les chaulages de la Mayenne, par Jamet. 1 vol. in-12.   3 fr.

Agriculture du centre. Ouvrage où l'on enseigne le moyen de supprimer la jachère et de créer rapidement une grande quantité de fourrages dans les sols siliceux de la plus mauvaise nature, par Cancalon. 1 vol. in-8.   2 50

Agriculteur (*l'*) *praticien*, par V.-P. Rey, président de la Société d'agriculture d'Autun. In-12.   2 fr.

Agriculture (*Manuel d'*), par demandes et par réponses, à l'usage des écoles primaires et des propriétaires ruraux, par Bruno. in-18. 1 fr.
L'abrégé du même ouvrage.   40 c.

Agriculture (*Manuel élémentaire d'*) à l'usage des écoles primaires des départements de la Meuse, de la Meurthe, de la Moselle et des Ardennes, par L. Gossin. 1 vol. in-18.   1 fr.
Ouvrage couronné par la Société centrale d'Agriculture.

Agriculture pratique (*Cours complet d'*), par Burger, Pfeil, Rohlwes, etc. ; traduit de l'allemand par Noirot ; suivi d'un traité sur les vers à soie et la culture du mûrier, par Bonafous. 1 vol. in-4. 10 fr.

Alcoolisation générale (*Traité complet d'*), Guide du fabricant d'alcools, renfermant la marche à suivre pour obtenir l'alcool de toutes les substances alcooliques ; les moyens de débarrasser l'alcool des odeurs propres et de celles d'empyreume, ainsi que l'indication des rendements au point de vue de la fabrication par les méthodes les plus économiques ; toutes les règles, formules et tables de réduction qui peuvent être utiles au distillateur, etc., etc., par N. Basset. 1 vol. in-18 avec dessins dans le texte, accompagné de 6 gravures sur cuivre représentant des appareils nouveaux de distillation, de saccharimétrie, etc., etc.   6 »

Almanach de la ferme pour 1855, par Basset, 1ʳᵉ année. 1 vol. in-18.   50 c.

Amendements et Prairies. *Traité populaire extrait des œuvres de* Jacques Bujault. Avec des notes explicatives et un résumé complet des notions les plus exactes sur les amendements et les engrais, par N. Basset. 1 vol. in-18.   60 c.

Amendements (*Traité des*), par Puvis. 2ᵉ édit. 1 vol. in-12.   5 fr.

Ampélographie rhénane, ou description des cépages les plus cultivés dans la vallée du Rhin, et dans plusieurs contrées viticoles de l'Allemagne méridionale, par J.-L. Stoltz. 1 vol. in-4, orné de 32 pl., fig. noires, 15 fr.; — figures coloriées **25 fr.**

Annales de la société Séricicole fondée en 1837 pour la propagation et l'amélioration de l'industrie de la Soie en France, 15 vol. in-8. 205 fr.

Tous les volumes se vendent séparément.

Le tome 1er, 5 fr. Les tomes 2 et 12, 10 fr. chaque. Tous les autres volumes 15 fr. chaque.

Apiculteur (*Guide de l'*), par Debeauvoys, 4e édit. 1 vol. in-12 avec figures. **2 fr.**

Bétail en ferme (*du*), extrait des œuvres de J. Bujault, accompagné de notes et d'un supplément par N. Basset, in-18. **60 c.**

Bêtes à laine (*Manuel de l'éleveur de*). Notions pratiques sur le choix, l'élevage, le bon entretien et les maladies de ces animaux domestiques, par Roche-Lubin. 1 vol. in-12. **2 50**

Betterave (*Traité pratique de la culture et de l'alcoolisation de la*), résumé complet des meilleurs travaux faits jusqu'à ce jour sur la Betterave et son alcoolisation, renfermant toutes les notions nécessaires au cultivateur et au distillateur, ainsi que l'examen critique des méthodes de pulpation, de macération, de fermentation et de distillation employées aujourd'hui, par N. Basset. 1 vol. in-18 **2 »**

Betteraves (*Traité pratique de la culture des différentes espèces de*), procédé pour les conserver par la dissécation, etc., tr. de l'allem. par Sarrazin. In-8. **2 fr.**

Blé (*18 millions d'hectolitres de*) *pour rien*, ou conseils aux agriculteurs français, par Jacquin, aîné, in-8. **50 c.**

Bœuf (*Art d'engraisser les*), les vaches et les veaux, par Baurin. 50 c.

Bois (*Culture et exploitation des*), par J.-B. Thomas. 2 vol. in-8. 15 fr.

Bois. (*Des qualités et de l'usage du*) sous le rapport économique et industriel. In-18. **25 c.**

Bois (*De la Culture et de l'Aménagement des*). In-18. **25 c.**

Calendrier du bon cultivateur, par Mathieu de Dombasle. 9e édit. 1 vol. in-12 avec pl. **4 75**

Canards (*Nouvel art d'élever, de multiplier et d'engraisser les*), par F. Routillet. In-18. **50 c.**

Canne à sucre de la Martinique (*Recherches sur la composition chimique de la*), par E. Peligot. In-8. **1 fr.**

Catéchisme Agricole à l'usage des écoles rurales, par M. Greff. Ouvrage approuvé par le Comice agricole de Metz. 3e édit. 1 vol. in-18, cartonné. **50 c.**

Céréales (*Question des*) son importance, ses rapports avec les institutions du Crédit Foncier et des Caisses de Retraites, sa solution, par Paul Troy. 1 vol. in-18 **3 »**

Champignons comestibles et vénéneux (*Traité élémentaire des*), par Dupuis, professeur de botanique à Grignon, 1 vol. in-18, avec 8 planches coloriées. **1 75**

Cheval (*De la conformation du*) suivant les lois de la physiologie et de la mécanique. — Haras, courses, types reproducteurs, etc., par Richard, ancien directeur de l'école des haras. 1 vol. in-8, avec pl. 8 fr.

Chevaux (*Traité du tic des*) et de la vieille courbature (*maladie* *ancienne de poitrine)* ou procédés simples et pratiques pour guérir ces deux vices par FRÉDÉRIC BONNEVAL, médecin-vétérinaire. in-12 .avec une gravure. 1 25

Chèvres *(L'art d'élever les) et de les faire produire,* suivi de la fabrication des fromages. In-18. 50 c.

Chimie *(Leçons de)* **appliquée à l'Agriculture,** par E. GUÉRANGER. 1 vol. in-8. 7 fr.

Chimie agricole *(Analyse des cours de),* professés en 1851, 1853 et 1854, par MALAGUTI, à la Faculté des Sciences de Rennes. 3 vol. in-18. 3 »

Conseils aux Agriculteurs sur les moyens de prévenir l'indigestion gazeuze, connue dans nos campagnes sous le nom d'enflure des vaches, par MATHURIN PAPIN, médecin-vétérinaire. In-18. 30 c.

Conseils aux cultivateurs bretons, sur *l'hygiène des animaux domestiques,* ou connaissance des moyens de les entretenir et conserver en santé, par MATHURIN PAPIN, médecin-vétérinaire. 1 vol. In-12. 1 75

Coupes sombres *(des)* et des coupes claires, par J.-B. THOMAS. In-8. 50 c.

Cultivateur Aveyronnais *(Guide pratique du)* sur l'hygiène et le traitement des maladies du bétail, par ROCHE-LUBIN. Ouvrage couronné par la Société centrale d'Agriculture de l'Aveyron. 1 vol. in-8. 1 50

Cultivateur *(Manuel du)* à l'usage des fermes-écoles et des établissements d'instruction, par LEFOUR, inspecteur général de l'agriculture.

1er vol. Arithmétique et Comptabilité agricole. 1 25
2e vol. Agriculture, 1re partie, Sol et Engrais. 1 25
3e vol. Géométrie agricole. 1 25
4e vol. Animaux domestiques, 1re partie. 1 25

Cuisinière *(La)* **de la ville et de la campagne** ou nouvelle cuisine économique, par L. E. A. 32e édit. 1 vol. in-12 avec 300 fig. 3 fr.

Dictionnaire *(nouveau)* **d'Agriculture pratique,** publié par une société d'Agriculteurs et de Légistes sous la direction de M. DAUNASSANS, propriétaire-cultivateur, ex-conseiller municipal de la ville de Toulouse. 1 vol. in-8° 12 »

Dictionnaire raisonné d'agriculture et d'économie du bétail suivant les principes des sciences naturelles appliquées, par A RICHARD (du Cantal), 2 vol. in-8 avec des figures dans le texte. 21 »
Cet ouvrage se vend aussi en 12 livraisons à 1 fr. 75 c.

Dindons et Pintades *(Guide de l'éleveur de),* par MARIOT-DIDIEUX, 1 vol. in-18. 75 c.

Drainage *(Du)* par M. le comte de VIGNERAL, in-18. » 75

Drainage *(Instruction sur le),* publiée sous les auspices de la commission hydraulique de la Sarthe. In-12 50 c.

Drainage *(Du),* par FÉLIX RÉAL. In-18. 25 c.

Drainage. L'art de tracer et d'établir les drains, par J. GRANDVOINNET, ingénieur, professeur de génie rural à Grignon. 1 vol. in-18, avec 70 figures dans le texte. 2 50

Droit rural *(Dialogues sur le),* par VALSERRES. 1 vol. in-12. 60 c.

Employé de l'octroi *(Manuel de l')* contenant des notions sur l'orthographe, l'arithmétique, la géométrie; des examens sur le toisé, des instructions sur la jauge; la législation, le tarif des droits, le contentieux et 35 modèles de procès-verbaux. 2 vol. in-8. 15 fr.

Engrais (*Des*) ou l'art d'améliorer les plus mauvaises terres par les amendements et les engrais de toute nature, par Ducoin, 1 vol. in-18. 1 25

Engrais azotés (*des*) par DE Gasparin, extrait par Gueymard, avec un tableau comparatif de la puissance de 119 engrais. In-18. 25 c.

Engrais (*des*) en général et spécialement de la manière de traiter les fumiers et le purin pour en conserver toute la valeur fertilisante suivie de la manière de traiter les matières fécales, par M. Greff. in-8. 40 c.

Engrais (*Traité critique et pratique du commerce, du contrôle et de la législation des*), par F. S. de Sussex. 1 vol. in-8. 2 fr.

Engraissement du gros bétail et des veaux, porcs, bêtes à laine et volailles, par Evon. 1 vol. in-8. 3 fr.

Engraissement (*Observations et conseils pratiques sur l'*) des veaux, des vaches et des bœufs, par Favre d'Evire. 1824, in-8. 75 c.

Enseignement de l'agriculture (*Guide de l'*), considérée comme profession, par Thaer, traduit par Sarrazin. 1 vol in-12. 2 50

Faisans (*L'art d'élever et de multiplier les*) par A. Verguet. in-12, fig. noires, 50 c. — fig. col. 75 c.

Fécondation (*de la*) et de l'éclosion artificielles des œufs de poissons et de l'éducation du frai suivant le procédé de MM. Gehin et Remy, par Godenier. In-8. 1 fr.

Fécondation artificielle et éclosion des œufs de Poissons, par le Docteur Haxo. Brochure in-8. 2 50

Fécondation et Éclosion artificielles des œufs de poissons et éducation du frai. In-18. 25 c.

Fumiers considérés comme engrais (*Des*), par Girardin. 3ᵉ édit., 1 vol. in-16, avec 11 fig. 1 25

Fumier de ferme (*Le*) élevé à sa plus haute puissance de fertilisation et n'étant plus insalubre, par Quenard, propriétaire-agriculteur. 1 vol. in-18, 2ᵉ édit. 1 25

Géologie (*Manuel élémentaire de*), par Nérée Boubée. 1 vol. in-18. 2 50

Géologie appliquée aux arts et à l'agriculture, par D'Orbigny et Gente, 1 vol. in-8. 10 fr.

Gibier (*Art de multiplier le*), et de détruire les animaux nuisibles. In-12, 12 pl. gravées. 2 fr.

Grains (*Traité sur la vente des*), à la mesure, au poids de l'hectolitre, ou au quintal métrique, suivi de tableaux appréciateurs de la valeur des grains, suivant la variation de chaque qualité, terminé par un tableau comparateur du prix des grains au quintal métrique, etc., par Hubaine, in-4. 2 50

BALANCE HYDROMÉTIQUE pour le pesage des grains, par Hubaine. 12 50

Grains (*Guide des négociants en*), des minotiers, meuniers et boulan-par L. Bax, fils aîné. In-8. 2 fr.

Irrigations (*Petit traité des*), par James Donald, traduit par A. de Frarière, in-18 avec figures. 50 c.

Irrigations (*Guide pratique pour les*), le drainage et la culture des oseraies, suivi des lois qui les concernent, par P.-J. Brassart, in-18. 50 c.

Landes de Bretagne (*Mise en valeur des*) par le défrichement et par l'ensemencement en bois, par le général de LOURMEL. In-8.   2 fr.

Lapins (*Guide de l'Éducateur de* ou *Traité de la race cuniculine* par MARIOT-DIDIEUX. In-18.   75 c.

Maison de campagne (*La nouvelle*), jardinage, économie de la maison, etc. 1 vol. in-18, cart.   3 »

Maison rustique du XIX° siècle publiée sous la direction de MM. BAILLY, BIXIO et MALEPEYRE. 5 vol. in-4, avec 2500 gravures. 39 50
Chaque volume se vend séparément.   9 ».

Maïs (*Du*) ou blé de Turquie et des avantages qu'on pourrait tirer de sa culture en Normandie comme plante fourragère, par PRÉVOST, in-12.50 c.

Maladies charbonneuses (*Traité sur les*), comparées à la maladie de sang chez les animaux domestiques, par L. GILLET. in-8°.   1 50

Manuel d'Horticulture et d'Agriculture, pour le département de la Gironde, publié sous les auspices des Sociétés d'Horticulture et d'Agriculture de la Gironde, par J. C. RAMEY. 1 vol. in-12.   1 75

Meunerie (*Traité pratique de la*), par E. J. Hanon, 1 vol. in-8. 10 fr.

Meunier (*Le bon*), ou l'art de bien moudre, par J.-P. MOREAU. Brochure in-8, 2° édit.   1 75

Mécanique agricole (*Traité complet de*), par J. GRANDVOINNET, ingénieur, professeur de génie rural à Grignon. Ouvrage destiné aux élèves des écoles d'agriculture et des écoles normales primaires, aux fermiers, aux propriétaires et aux constructeurs d'instruments. — Cet ouvrage paraîtra simultanément en trois séries de la manière suivante :

PREMIÈRE SÉRIE.
1re *livraison*. — Du mouvement et de ses causes.
4° *livraison*. — Des charrues. — *Détails et modèles divers*.

DEUXIÈME SÉRIE.
2° *livraison*. — Des forces et de leur travail.
5° *livraison*. — Des instruments de division et de compression du sol. — Des instruments propres à la récolte : moissonneuses, charettes, chariots, etc.

TROISIÈME SÉRIE.
3° *livraison*. — Mécanique matérielle : de l'assujettissement et des machines simples.
6° *livraison*. — Des instruments pour la préparation des récoltes : machines à battre, tarares, trieurs, coupe-racines, concasseurs.

La publication est faite ainsi dans le but d'allier la théorie à la pratique et de satisfaire à l'ordre de l'enseignement suivi à l'École impériale d'agriculture de Grignon.

Chaque série, non divisible, sera du prix de 3 fr. 50.

Mouches à Miel (*Traité sur les*), suivi des procédés pour faire le miel et la cire avec divers modèles de Ruches, par L. BONNARDEL. In-8°.   1 50

Moudre (*L'art de*), ou mémoire sur les moyens employés pour empêcher que la chaleur produite par la pression et le frottement des meules, soit préjudiciable à la farine, par A. VAN LERBERGHE, in-8.   1 50

Moutons (*Nouvel art d'élever, de multiplier et d'engraisser les*), par J. MOREL. In-18.   50 c.

Mûrier (*De la culture du*), par BOYER et de LABAUME. 1 vol. in-8, contenant 5 grav. représentant les divers modes de taille, et les mûriers avant et après chaque taille. 3 fr.

Mûriers (*Instruction sur la culture des*). In-18 25 c.

Muscardine (*Études sur la*) maladie des Vers à Soie faites à la Magnanerie expérimentale de Sainte-Tulle, par F. GUÉRIN-MÉNEVILLE et EUGÈNE ROBERT. 1 vol. in-8. 3 »

Oies (*La vraie manière d'élever, de multiplier et d'engraisser les*), par C.-L. BENOIT. In-18. 50 c.

Oiseaux de basse-cour (*Manuel de l'éleveur d'*) et de **Lapins**, par Mme MILLET-ROBINET, 2e édit. 1 vol. in-12 avec gravures. 1 25

Paysans (*Les*) **Français**, considérés sous le rapport économique, agricole, médical et administratif, par ANACHARSIS COMBES, président du Comice agricole de Castres et HIPPOLYTE COMBES, docteur-médecin. 1 vol. In-8. 6 fr.

Pêcheur (*Le*) **Français**, Traité de la pêche à la ligne en eau douce, par C. KRESZ aîné, in-12, 5e éd. 5 fr.

Pigeons de colombier et de volière (*Guide de l'éleveur de*), par MARIOT-DIDIEUX, in-18. 75 c.

Pisciculture. Rapport sur le repeuplement des cours d'eau et sur les travaux de pisciculture de M. MILLET, suivi des *Études sur les Fécondations artificielles des œufs de poissons* par MM. DE QUATREFAGES et MILLET. in-8° 1 25

Pisciculteur (*Guide du*), d'après des notes et documents fournis par J. REMY, pêcheur de la Bresse, recueillis rédigés et publiés par le docteur HAXO. In-18, avec gravures. 1 50

Planteur (*Manuel du*). Du reboisement, de sa nécessité et des méthodes pour l'opérer avec fruit et économie, par H. de BAZELAIRE. 1 vol. in-12. 1 25

Police rurale (*Manuel de*); ouvrage utile aux fonctionnaires publics et aux propriétaires, par THIROUX, 3e édit., 1 vol. in-18. 2 fr.

Pommes de Terre (*Culture et conservation des*). In-18. 25 c.

Pommes de terre (*Maladie des*). Découverte des causes ; révélations des moyens de remédier au mal, études sur la maladie, par LEFEBVRE. 1 vol. in-8. 2 50

Pommier à cidre (*Traité pratique de l'éducation et de la culture du*), par PRÉVOST, professeur d'agriculture à Rouen, in-18. 40 c.

Porcs (*Art d'élever, de multiplier et d'engraisser les*), par C. BAILLY. in-18. 50 c.

Poules bonnes pondeuses (*Les*) reconnues au moyen de signes certains et indications pratiques pour faire des poulets et des volailles grasses, par L. PRANGÉ, vétérinaire. 1 vol. in-12. 1 75

Poules (*Éducation lucrative des*) ou traité raisonné de Gallinoculture, par MARIOT-DIDIEUX, 2 vol. in-12. 4 fr.

Poules (*Instruction sur l'éducation des*), des poulets des chapons et des poulardes. In-12. 25 c.

Poules (*Nouvel art d'élever les*), les poulets et les chapons, par P. ROUTILLET. 3e édit. in-18. 50 c.

Prairies artificielles (*Essai sur les*), luzerne, trèfle ordinaire, trèfle printanier et sainfoin ou esparcette, par H. MACHARD, 1 vol. in-18. 1 fr.

Prairies naturelles (*Instruction pratique sur la création des*), par BOSSIN, in-8.   75 c.

Propriétaire architecte, contenant des modèles de maisons de ville et de campagne, de remises, écuries, orangeries, serres, etc.; par U. VITRY, 2 vol. in-4, avec 100 grav.   20 fr.

Proverbes Agricoles du sud-ouest de la France, par ANACHARSIS COMBES. In-8.   1 25

Régulateur général et perpétuel des Boulangeries de France, par THIBAULT, ancien meunier. In-plano.   2 fr.

Ruche française et *éducation des abeilles*, par VAREMBEY. 1 vol. in-8. avec fig.   3 fr.

Sangsues (*de l'élève et de la multiplication des*), visite aux marais des environs de Bordeaux, par QUENARD. in-8°   50 c.

Sangsues. Notice sur le marais de Monsalut (Landes), par SOUBEI-RAN, etc., etc., in-8°.   75 c.

Sangsues (*Notice sur le marais à*) de Clairefontaine, par E. SOUBEI-RAN. In-8.   75 c.

Sel. (*Conseils pratiques aux Agriculteurs ou considérations sur les doses, le mode d'emploi et les effets du*), par QUENARD. in-8°   1 25

Sol (*Du morcellement du*) et division de la propriété comme conséquence présente et future de la législation sur les partages, par TISSOT. 1 vol. in-8.   1 50

Sucre exotique (*Notice sur les améliorations à introduire dans la fabrication du*), par HOTESSIER. In-8.   1 50

Sucre (*Expériences relatives à la fabrication du*) et à la composition de la canne à sucre, par E. PELIGOT, In-8.   2 50

Système Guénon en forme de catéchisme, à l'usage des élèves des fermes-écoles, par ANACHARSIS COMBES, président du Comice agricole de Castres, in-18.   30 c.

Tableau indicatif des droits et devoirs des débitants de boissons dans leurs rapports avec la régie. In-plano.   75 c.

Tarif régulateur et perpétuel pour le commerce des blés et farines, par L. THIBAULT. In-8.   1 50

Taupier (*l'art du*), ou méthode amusante et infaillible pour prendre les taupes, par DRALET. 15° édit., 1 vol. in-12, fig.   1 fr.

Terres siliceuses (*Notions sur la culture des*) à sous-sol imperméable, vulgairement désignées par les noms de *terres blanches*, de *terres douces*, de *limons froids*, par Charles GOSSIN. Brochure in-8.   50 c.

Toisé et de la jauge (*Traité complet du mesurage, du*), indispensable aux commerçants et surtout aux négociant en vins, liqueurs, bois, charbons, etc. 1 vol. in-8, accompagné de 350 tables et 18 planches représentant 120 figures de géométrie, toisé et jauge   6 fr.

Trésor des laboureurs (*Le*), adages, maximes et proverbes agicoles, par CH. LEMAOUT, 1 vol. in-18.   1 50

Vaches laitières (*Art de choisir les*), par VILLET. In-18.   50 c.

Vaches laitières (*Art de gouverner les*), par VILLET. In-18.   50 c.

Vaches laitières (*Choix des*). Description de tous les signes à l'aide desquels ont peut apprécier les qualités lactifères des vaches, par MAGNE. In-12.   2 fr.

Vaches laitières (*Des moyens de distinguer les bonnes*), par EVON. Brochure in-8. avec fig.   1 50

Vache laitière (*Traité spécial de la*) et de l'élève du bétail, comprenant les meilleures races à lait françaises et étrangères, 2ᵉ éd., par COLLOT. 1 vol. in-8.   6 fr.

Végétaux (*Origine des maladies des*), particulièrement du pommier, de la vigne, de la pomme de terre, de la betterave, du colza, etc., et des animaux herbivores, suivi des moyens d'éviter ces maladies en prévenant par le drainage des terres la vaporisation des eaux corrompues dans le sol, par P. ALLIOT, in-8   1 50

Végétaux (*Recherches sur les maladies des*) et particulièrement sur la maladie de la vigne, par GUÉRIN-MÉNEVILLE, in-8.   25 c.
Extrait de l'Agriculteur patricien.

Vers à soie (*Conseils aux nouveaux éducateurs de*) par FRÉDÉRIC DE BOULLENOIS. 1 vol. in-8°, 2ᵉ édit.   3 50

Vers à soie (*Éducation des*), comprenant l'éclosion des œufs, l'éducation des vers à soie, la formation et la récolte des cocons la conservation de la graine. 2 brochures in-12.   50 c.

Vers à soie (*Éducation des*). Tableau synoptique de toutes les opérations, jour par jour, de l'éducation des vers à soie, 2 pag. in-fol. 25 c.

Vers à soie (*Manière la plus préférable d'élever les*) et sur les moyens de prévenir et guérir la muscardine, par le docteur BASSI, traduit par F. CAZALIS, médecin. In-8.   1 fr.

Vigne (*Étude de la maladie de la*), par E. LAPIERRE-BEAUPRÉ. in-12.   1 fr.

Vigne (*Observations sur la maladie de la*) par MARÈS. In-8° 1 fr.

Vignes (*La maladie des*). Notice contenant quelques observations au sujet d'un rapport à M. le Ministre de l'intérieur sur les Vignes malades, par F. GUÉRIN-MÉNEVILLE. In-18.   75 c.

Vigne (*Étude sur la nouvelle phase de la maladie de la*), par ÉTIENNE LAPIERRE. In-18.   50 c.

Vigne (*Mémoire sur la maladie de la*) et sur le moyen curatif, par PASCAL, in-8.   50 c.

Vigne (*Nouveau mode de culture et d'échalassement de la*), applicable à tous les vignobles où l'on cultive les vignes basses, par T. COLLIGNON, 1 vol. in-8 avec 3 pl.   3 fr.

Vigne (*Exposé pratique de la culture de la*) dans les jardins, suivi de l'abrégé de l'éducation pratique du pêcher en espalier sous la forme carrée, par FÉLIX MALOT, 1 vol. in-8. avec fig.   2 fr.

Vigne malade (*Guérison de la*) par un nouveau mode de culture, par l'abbé J.-B. DELPY, membre du Comice agricole de Sarlat. in-8. 2 fr.

Vigne (*Maladie de la*). In-18.   25 c.

Vinification (*Traité pratique de*) ou guide des propriétaires, vignerons, négociants, etc., par H. MACHARD. 2ᵉ édit., 1 vol. in-12. 2 fr.

Vins (*Art d'améliorer les*) et de les guérir des diverses maladies qui peuvent les affecter. In-12.   1 25

Visite à un véritable agriculteur patricien, par DURAND-SAVOYAT, propriétaire-cultivateur. 1 vol. in-18.   1 25

Viticulture (*Premières notions de*) et d'œnologie dédiées à la jeunesse

les écoles primaires dans les contrées viticoles, par STOLTZ. In-18 accompagné de 19 pl.   90 c.

Zootechnie ou science qui traite du choix des animaux domestiques,
de leur conservation, de leur rendement et des principales maladies dont
ils peuvent être affectés, par CH. KNOLL aîné, vétérinaire, 2 vol. grand
in-8, avec un grand nombre de gravures.   12 fr.

JARDINAGE.

Almanach (*Petit*) du Jardinier-Fleuriste par les rédacteurs de l'Horticulteur français, pour 1855, 2ᵉ année. 1 vol. in-18.   50 c.

Almanach (*Petit*) du Jardinier-Potager par les rédacteurs de l'Horticulteur français, pour 1855. 2ᵉ année; 1 vol. in-18.   50 c.

Ce petit ouvrage a été couronné par la Société impériale d'Horticulture
de la Seine-Inférieure.

Arboriculture (*Cours élémentaire et pratique d'*). par A. DUBREUIL.
3ᵉ édit. 2 vol. in-18.   9 fr.

Arboriculture (*Cours pratique d'*), par L. GAURRY. 1 vol. in-12
avec fig.   2 25

Arbres fruitiers (*Instruction élémentaire sur la conduite des*),
par DUBREUIL. 1 vol. in-18, fig.   2 »

Arbres fruitiers (*Cours théorique et pratique de la taille des*),
par DALBRET. 8ᵉ édition. 1 vol. in-8, avec 55 fig. grav.   5 fr.

Arbres fruitiers (*Instruction élémentaire sur la conduite et la
taille des*); par CROUX. In-8º avec fig.   3 50

Le catalogue général et prix courant des arbres fruitiers, etc., de
CROUX.   1 fr.

Arbres fruitiers (*Pratique raisonnée de la taille des*) et de la
vigne ; par COSSONET. 1 vol. in-8º avec 21 planches.   5 fr.

Arbres fruitiers (*Taille raisonnée des*) et autres opérations relatives à la culture ; par C. BUTRET. 19ᵉ éd., 1853. In-12 fig.   2 fr.

Arbres fruitiers (*Traité de la taille des*), suivi de la description
des greffes les plus usitées; par J.-A. HARDY. 1 vol. in-8ᵉ avec 52 pl. grav.
sur acier.   5 50

Arbres (*Traité élémentaire de la taille des*), par CH. RAMEY, ouvrage
couronné par la Société d'horticulture de la Gironde, 1 vol. in-12 orné de
32 fig.   1 fr. 50 c.

Asperges (*Instruction pratique sur la plantation des*), par BOS-
SIN. In-8.   25 c.

Asperge (*Traité complet de la culture naturelle et artificielle de l'*),
par LOISEL. 1 vol. in-12.   1 50

Bon Jardinier (*le*), pour 1854, par POITEAU, VILMORIN, DECAISNE,
NEUMANN, PÉPIN. 1 vol. in-12.   7 fr

Bon Jardinier (*Figures de l'Almanach du*) ; par DECAISNE, membre de l'Institut, professeur de culture, et HÉRINCQ, aide de botanique au
jardin des Plantes. 17ᵉ éd., 632 grav. et 45 pl. 1 vol. in-12.   7 fr.

Botanique (*Éléments de*), par J.-B. VERLOT, In-18.   50 c.

Botaniste (*Petit manuel du*) et de l'herboriste accompagné de planches explicatives et suivi de quelques principes de médecine, de pharmacie, d'hygiène et d'économie domestique, par L. F., F. M. et P. M. 2ᵉ édit. 1 vol. in-12.   1 fr. 75

Boutures (*Notions sur l'art de faire les*); par NEUMANN. 3ᵉ édition. 1 vol. avec 31 figures.   2 fr.

Broméliacées (*Traité de la culture des*), par J. DE JONGHE. In-18 (*Sous presse*)

Camellia (*Traité de la culture du*), par J. DE JONGHE, 2ᵉ édit , 1 vol. in-18.   1 50

Camellias (*des genres*) **Rhododendrum, Azalea, Acacia, Epacris, Erica**, et des plantes de serres froides en général; par LEMAIRE. 1 vol. in-12.   2 fr.

Catalogue raisonné et précédé d'instructions sur la plantation, la taille des arbres fruitiers, arbustes et rosiers cultivés chez Jamain et Durand. In-4.   1 50

Champignons (*Traité pratique de la culture des*), par SALLE, in-18.   1 fr.

Culture maraîchère (*Manuel pratique de*); par COURTOIS-GÉRARD. 2ᵉ édit. in-12, avec grav.   3 50

Fécondation naturelle et artificielle (*de la*) **des végétaux et de l'hybridation**, considérée dans ses rapports avec l'horticulture, l'agriculture et la sylviculture ; par LECOQ. 1 vol. in-12.   3 50

Fleurs (*Album de*) annuelles et vivaces publié par livraisons, par VILMORIN-ANDRIEUX. Prix de la liv.   4 fr.
5 liv. sont en vente. Chaque liv. se vend séparément.

Fleurs (*Instructions pour les semis de*), de pleine terre, avec l'indication de leur couleur, époque de floraison, culture, etc, par VILMORIN-ANDRIEUX. 2ᵉ éd. in-16.   75 c.

Flore des plantes de pleine terre, ou descriptions et figures des plantes les plus méritantes en ce genre, par MM. TOLLARD frères, horticulteurs.
La *Flore des Plantes de pleine terre* sera publiée en 150 livraisons. Chaque livraison sera composée de deux gravures et de huit pages de texte, grand in-8. à deux colonnes, imprimés sur papier glacé.
Le prix de la livraison est de 1 fr. 75 c.— Les 1ʳᵉˢ livr. sont en vente.

Flore d'Alsace et des contrées limitrophes, par F. KIRSCHLEGER. Tome 1ᵉʳ comprenant les *Plantes dicotyles pétalées*. 1 vol. in-12.   8 50

Fuchsia (*Le*), son histoire et sa culture, in-12.   1 25

Flore du Dauphiné; par MUTEL. 2ᵉ édition, 3 vol. in-16.   13 25

Greffe (*Traité complet de la*), contenant la description de 137 espèces de greffes; par Louis NOISETTE. 1 vol. in-12, avec 6 planches.   2 50

Horticulteur français (*L'*), journal des amateurs et des intérêts horticoles, sous la direction de F. HÉRINCQ.
L'*Horticulteur français* paraît le 1ᵉʳ de chaque mois, par livraison de 24 pages grand in-8. et de 2 pl. color.

	Paris	Province
Prix de l'abonnement { Pour 1 an, fig. col.	10 f.	11 f.
— sans fig.	5	6

Jardinage (*Manuel pratique de*) , par COURTOIS-GÉRARD. 4e édit. 1 vol. in-12. 3 50

Jardinier (*Manuel complet du*) maraîcher, pépiniériste, botaniste, fleuriste et paysagiste; par Louis NOISETTE. 2e édit. 4 vol. in-8, et supplément. 30 fr.

Jardinier des fenêtres (*Le*) *des Appartements et des petits Jardins*; 3e édition, entièrement refaite; par Mme MILLET-ROBINET. 1 vol. in-12. 1 75

Jardins (*Traité de la composition et de l'ornement des*), avec 161 pl. représentant, en plus de 600 fig. des plans de jardins des fabriques propres à leur décoration, et des machines pour élever les eaux. 5e édit. 2 vol. in-4° oblong. 25 fr.

Légumes (*Album de*) publié par livraisons, par VILMORIN-ANDRIEUX. Prix de la livraison. 3 fr.
5 liv. sont en vente. Chaque liv. se vend séparément.

Melon (*Monographie complète du*); par JACQUIN aîné. 1 vol. gr. in-8, avec 33 pl. grav. fig. noires. 7 50.— Figures coloriées. 15 fr.

Melons (*Traité complet de la culture des*), avec une nouvelle méthode de les cultiver sur buttes, sous cloches, et sur couches; par LOISEL. 3e édit. 1 vol. in-12. 25 c.

Œillets (*Traité de la culture des*); par RAGONOT-GODEFROY. In-12. fig. 2e édition. 1 25

Pelargonium (*Traité de la culture du*), par J. DE JONGHE, 2e édit. (*Sous presse*).

Pelargonium (*Traité complet de la culture des*), des Calcéolaires, des Verveines et des Cinéraires, par CHAUVIÈRE et LEMAIRE. 1 vol. in-12. 2 50

Pêcher (*Annuaire du*); par J. GROSSET. Brochure in-32. 75 c.

Pêcher en espalier carré (*Pratique raisonnée de la taille du*), par Al. LEPÈRE. 1 vol. in-8°, fig. 4 fr.

Pensée (*La*), **la Violette, l'Auricule** ou oreille d'Ours, **la Primevère**. Histoire et culture; par RAGONOT-GODEFROY. 1 vol. in-12 avec fig. col. 2 fr.

Plantes bulbeuses (*Essai sur la culture générale des*), par LEMAIRE. 1 vol. in-12. 3 50

Plantes de terre de bruyère (*Traité pratique pour la culture des*), par V. PAQUET. 1 vol. in-12. 3 50

Plantes (*Instructions pratiques sur la culture des*) dans les appartements, sur les fenêtres et dans les petits jardins; par COURTOIS-GÉRARD. in-12, avec fig. 75 c.

Poirier (*Taille du*) **et du Pommier** en fuseau; par CHOPPIN. 1 vol. in-8, fig. 4e édition. 3 fr.

Poiriers (*Traité spécial de la taille des*) en quenouilles rangés en 3 catég. selon les espèces et leur fécondité; par LASNIER, in-8° avec pl. 1 fr.

Pomone française (*La*), Traité de la culture et de la taille des arbres fruitiers; suivi d'un traité de physiologie végétale, par LELIEUR, 3e édition. 1 vol. in-8° et 15 planches gravées. 7 50

Reine-Marguerite (*Culture de la*), par MALINGRE, horticulteur. Brochure in-18. » 30

Rose (*La*), histoire, culture, poésie; par P.-I.-A. LOISELEUR-DES-
LONGCHAMPS. 1 vol. in-12, fig.   3 50
. **Serres** (*Art de construire et de gouverner les*); par NEUMANN, chef
des serres au Jardin des Plantes. 2ᵉ édit. 1 vol. in-4° avec 23 planches.
gravées.   7 fr.
Thermosiphon (*Pratique de l'art de chauffer par le*) avec un arti-
cle sur le **Calorifère à air chaud**; par A***. 1 vol. in-4° avec 21 pl
grav.   6 fr.

24 NUMÉROS PAR AN POUR 6 FR.

L'AGRICULTEUR PRATICIEN

REVUE
De l'Agriculture Française et Étrangère

Culture des terres et des forêts. — Assainissement. — Irrigations. — Engrais et amendements. — Actes agricoles, — Economie et médecine rurale. — Actes officiels, — Faits divers. — Sciences appliquées.

PUBLIÉ SOUS LA DIRECTION DE

M. N. BASSET.

NOUVELLE SÉRIE. — 2e ANNÉE.

L'*Agriculteur praticien* paraît le 1er et le 3e jeudi de chaque mois. — Les abonnements datent du 1er octobre de chaque année.

PRIX DE L'ABONNEMENT POUR L'ANNÉE

Paris et les départements.	6 fr.	» c.
Piémont, Savoie et Suisse.	6	50
Belgique, Espagne, Portugal et Colonies.	7	50

MODES D'ABONNEMENT :

1° Envoyer **sans affranchir** un bon de poste ou un mandat à vue sur Paris et sur **papier timbré** à l'ordre de M. Goin, éditeur du journal, quai des Grands-Augustins, 41.

2° S'adresser à tous les Libraires de France et de l'Etranger et aux bureaux des Messageries Générales et Impériales.

PUBLICATIONS DIVERSES.

Les abonnements à ces publications sont reçus à la Librairie centrale d'Agriculture, etc.

Belgique horticole (*la*) Journal des Jardins, des serres et des vergers, par C. Morren, 3ᵉ année, publiée par livraisons mensuelles de 2 feuilles in-8 et 2 gravures coloriées. Prix de l'abonnement   16 50

Camellias (*Nouvelle Iconographie des*), contenant les figures et la description des plus rares, des plus nouvelles et des plus belles variétés de ce genre, par A. Verschaffelt, horticulteur. 12 livraisons par an. Prix de l'abonnement.   26 fr.

Flore des serres et des jardins de l'Europe. Description et figures des plantes les plus rares et les plus méritantes, nouvellement introduites sur le continent ou en Angleterre, paraissant tous les mois en un cahier grand in-8 composé de 10 planches coloriées et de 32 pages de texte avec gravures sur bois. Ouvrage publié sous la direction de L. Van Houtte. — Prix de l'abonnement.   38 fr.

Journal d'Agriculture pratique d'économie forestière, d'économie rurale et d'éducation des animaux domestiques du Royaume de Belgique, par Ch. Morren. 6ᵉ année, publiée par livraisons mensuelles avec pl. col. portraits et grav. dans le texte. Prix de l'abonnement   15 fr.

Pomologie (*Annales de*) publiées par livraisons de planches grand in-8 avec texte, rédigées par MM. De Bavay, Bivort, etc. — Prix de l'abonnement, pour 12 livraisons, rendues franc de port :
      édition sur papier ordinaire   26 fr.
      —   grand papier   38 fr.

Bulletin mensuel de la Société zoologique d'acclimatation, fondée le 10 février 1854. Ce bulletin paraît à la fin de chaque mois. Prix de l'abonnement pour l'année :
      Paris.   12 fr.
      Départements.   14 fr.
Les abonnements commencent au mois de mars de chaque année.

Le Petit Poucet, *journal des enfants,* paraissant tous les mois, illustré de jolies gravures sur bois et orné d'images ou dessins explicatifs coloriés ; petites modes pour les enfants, broderies, tapisseries, uniformes des armées françaises et étrangères. Prix de l'abonnement :
      Départements et Paris.   5 fr.
Les abonnements datent du 1ᵉʳ janvier de chaque année.

Paris.— Imp. de J.-B. Gros, rue des Noyers, 74.

9 782019 568122